Max J. Kobbert

Diamant und Schneekristall

Faszinierende Welt der Kristalle
mit über 400 Farbaufnahmen
und in 3D

Max J. Kobbert

Diamant und Schneekristall

Faszinierende Welt der Kristalle mit über 400 Farbaufnahmen und in 3D

Verlag Dr. Friedrich Pfeil
München 2016 · ISBN 978-3-89937-215-1

Impressum

Bibliografische Information der Deutschen Nationalbibliothek

Die Deutsche Nationalbibliothek verzeichnet diese Publikation in der Deutschen Nationalbibliografie; detaillierte bibliografische Daten sind im Internet über http://dnb.dnb.de abrufbar.

Titelbilder:
Rohdiamant in der sehr seltenen Sternform (Abb. 352–354, 397, 400).
»Vergraupelter« Schneestern mit auf den Dendriten gefrorenen Tropfen (Abb. 121).

Druckvorstufe: Verlag Dr. Friedrich Pfeil, München
Druck: PBtisk a.s., Příbram I – Balonka

Printed in the European Union

ISBN 978-3-89937-215-1

Gedruckt auf alterungsbeständigem und säurefreiem Papier

Verlag Dr. Friedrich Pfeil
Wolfratshauser Straße 27
81379 München, Germany
Tel. +49 89 742827-0
Fax +49 89 7242772
E-Mail: info@pfeil-verlag.de
www.pfeil-verlag.de

Inhalt

Einleitung: Aus Himmel und Unterwelt

Die einen entstehen hoch in den Wolken bei frostiger Kälte, die anderen tief in der Erde in der Gluthitze von Magma. Diese sind wenige Stunden alt und überfallen in großen Mengen ganze Länder, jene sind Milliarden Jahre alt und verbergen sich an wenigen Orten der Erde. Die einen legen sich als geschenkte Juwelen auf den Wintermantel, so zart, dass der leiseste Hauch sie zerstört. Die anderen werden aufwendig zu Schmuck verarbeitet und sind das Härteste und Beständigste, das wir kennen. Doch beide wachsen nach festen natürlichen Regeln, in gleicher Größenordnung, sind überwiegend weiß, reflektieren glänzend das Licht und brechen es in seine Spektralfarben. Schneekristalle und Diamanten sind Minerale, kristalline chemische Substanzen, wunderbare Formen aus der Schatzkammer der Natur. Sie sind hervorgegangen aus Wechselwirkungen zwischen winzigen Elementarteilchen, von denen sich Trillionen zusammen gefunden haben müssen, bis wir die Kristalle mit bloßen Augen sehen können.

Eine Verwandtschaft beider ahnte man schon vor über 2000 Jahren. In der Antike meinte man, der Diamant sei eine Variante von Bergkristall, und Bergkristall sei ewiges Eis. *Krystallos* ist das griechische Wort für »Eis«.

Das Buch vermittelt Wissenswertes und Erstaunliches über Art und Herkunft dieser Kristalle. Es macht die unglaubliche Vielfalt der Schneesterne, die in den Bildern sichtbar werden, verständlich und zeigt auch das Lebenselixier Wasser in neuer Weise. Der Verfasser nimmt den Leser mit in die Welt der Eisberge und der Wolken und lässt sie dreidimensional erleben. Der zweite Teil widmet sich dem Diamanten in der Schönheit, die er nicht nur in geschliffener Form, sondern auch in seinen Naturformen zeigt. Er schildert berühmte Diamanten und lässt den Koh-i-Noor in seiner ehemaligen Form erstrahlen. Er führt zu abenteuerlichen Geschichten von Schahs und Maharadschas, aber auch zu den Anfängen des Lebens, in die Tiefen der Erde und bis in eine Zeit vor Beginn unseres Sonnensystems.

Dieses Buch mitsamt der beigefügten CD macht Schnee und Diamanten in einzigartiger Weise sichtbar: dreidimensional in mikroskopischer Vergrößerung. Im Buch sind die Objekte als Farbbilder zu sehen. Die Stereobilder auf der CD betrachtet man mit der beiliegenden Anaglyphenbrille. Dabei blickt das linke Auge durch den roten, das rechte durch den cyanblauen Filter. Die Nummern der Abbildungen im Buch und auf der CD entsprechen sich.

Danksagung

Unter den Vielen, denen ich für das Zustandekommen dieses Buches zu danken habe, möchte ich Einige hervorheben: Herrn Dr. Friedrich Pfeil, der in schwierigen verlegerischen Zeiten dieses Buch herausgebracht hat, Herrn Dr. Hubert Hilpert, der mit seinen meteorologischen Kenntnissen besonders für den ersten Teil des Buches wertvolle Hinweise gegeben hat, dem Juwelier Herrn Thomas Oeding-Erdel, den Diamantaires Herrn Dr. Ulrich und Frau Gabriele Freiesleben für die Bereitstellung wertvoller Diamanten. Letzteren gilt mein besonderer Dank für Einblicke in ihre Werkstatt, für die Möglichkeit eigener Schleifversuche und für viele Hinweise. Nicht zuletzt danke ich meiner Frau für ihre jahrelange Bereitschaft und Geduld, mit mir statt zur Erholung in angenehm warme Regionen vielmehr mit Sondergepäck zur Schneekristalljagd in klirrend kalte Weltgegenden zu reisen.

Schnee

1 Zauber einer Schneelandschaft

Bis zum Ziel in weiter Ferne
blinken ringsum Funkelsterne,
Eiskristalle voller Feuer.
Welche Pracht, der Winter heuer!
Ingo Baumgartner

Die Kufen des Hundeschlittens zischen stetig über den verschneiten Waldweg. In leisem Singsang gibt die Musherin dem zwölfköpfigen Rudel ihre Kommandos. Soll es nach links gehen, ruft sie den Namen des linken Leittieres, soll es nach rechts gehen, den Namen des rechten. Die Huskies machen voller Eifer Tempo und hecheln. Im Übrigen ist kein Laut zu hören.

Das kalte weiße Pulver ebnet in weichen Wellen den Boden ein, soweit das Auge blickt. Alle Steine, Gräser und Kräuter sind unter der leuchtenden Decke verschwunden. Die Fichten, Kiefern und Birken tragen schwer an der weißen Last, beugen ihre Äste zu glitzernden Portalen.

Schnee dämpft jeden Laut. Eine leise Stimmung legt sich über die verschneite Landschaft. Mit sanfter Hand regiert das gleichmäßige weiche Weiß, das alles

1 Mit dem Hundeschlitten durch den Winterwald in Finnland. Die Huskies sind paarweise in eine Reihe gespannt.

Warum der Schnee weiß ist

Märchen erklären die Welt auf ihre eigene Weise, so wie das folgende aus der Oberpfalz:
Als der Herr die Welt erschuf, machte er als letztes den Schnee. Aber er gab ihm noch keine Farbe. Er überließ es dem Schnee, sich selbst eine Farbe zu suchen. Der Schnee fragte die grünen Gräser, die roten, gelben und blauen Blumen, ob sie ihm ihre Farbe gäben, aber jedes wollte seine Farbe für sich selbst behalten. Schließlich fragte der Schnee das Schneeglöckchen. Das war gern bereit, mit ihm die weiße Farbe zu teilen. Seither ist der Schnee den Blumen feind, nur nicht dem Schneeglöckchen.[1]

2 Schneeglöckchen.

3 Auf den waldlosen Flächen Grönlands werden die Schlittenhunde fächerförmig angespannt. Dadurch wird die Gefahr verringert, in eine Gletscherspalte zu geraten.

4 Stille, die Musik des Winterwaldes.

5 Verschneiter Wald in Finnland.

überdeckt, verzaubert und mit funkelnden Punkten übersät. Die gewohnte Umgebung wird neu und faszinierend fremdartig. Die verschneite Landschaft lockt wie ein unbekanntes Gefilde. Die unberührte Fläche lädt dazu ein, sie zu erobern, mit be-

6 Kerzenfichten im Pyhä-Luosto-Nationalpark, Finnland.

7 Der Schnee beugt die Bäume und Sträucher.

dächtigem Stapfen oder mit rasantem Schwung – Skifahrer und Wanderer wissen davon zu erzählen. Es ist unwirklich schön.

Im Gegenlicht der tiefstehenden Sonne glitzert es auf den Schneeflächen tausendfach. Dieses Phänomen weist darauf hin, woraus die ganze Pracht besteht: Jeder Glanzpunkt rührt

8 Manche Bäume brechen unter der Schneelast.

9 Der schwere Schneemantel hat eine Fichte zur Hütte gemacht.

10 Durch die weiße Hülle werden Dinge zu Rätseln.

Wichtel und Kobolde

Die Sagenwelt Skandinaviens ist reich an geheimnisvollen Wichteln, Riesen, Feen und Kobolden. Dazu hat wohl auch beigetragen, dass schneebedeckte Fichten oft wie menschenähnliche Wesen aussehen. Sie hocken, stehen aufrecht oder gebeugt, manche tragen eine Zipfelmütze oder halten einen Stock. Manche sind riesig und andere putzig klein. Manche haben knollige Nasen und wirken lustig, andere sind gesichtslos und unheimlich. Leicht bekommen die Schneeformen menschenähnliche Züge in einer Landschaft, in der man nur selten Menschen begegnet.

11 Schnee macht die kleinen Fichten zu Wichteln und Kobolden.

12 Schnee verwandelt auch den eigenen Garten zu unberührtem Neuland.

14 Spiele von Licht und Schatten modulieren das einförmige Weiß.

13 Winterlandschaft im Hochsauerland.

15 Das verschneite Tromsø vom Flugzeug aus. Im Innern der Inseln türmen sich bis zu 1800 Meter hohe schneebedeckte Berge.

16 Die Ostsee zugefroren und verschneit, ein seltsamer Anblick für Mitteleuropäer. Hafen von Kemi am nördlichsten Punkt der Ostsee im Februar.

17 »Büßerschnee« am Nordkap. Mulden in einer Schneefläche lassen den Schnee rascher sublimieren als Erhebungen. Dieser sich selbst verstärkende Effekt führt letztlich dazu, dass von der ursprünglichen Schneedecke zahlreiche Türmchen verbleiben.

18 Baumlose Schneelandschaft am Nordkap.

19 Am Nordkap müssen die Straßen von bis zu fünf Meter hohen Schneewehen für den Verkehr frei gemacht werden.

20 Auf den Straßen und Gehwegen in Tromsø lässt man den Schnee zum Teil liegen. Jährlich wird ein Rentierrennen ausgerichtet, das mitten durch die Stadt führt.

21 Vancouver an der Westküste Kanadas genießt dank der warmen Meeresströmung ein mildes Klima, hat im Winter jedoch mit extremen Verkehrsproblemen zu kämpfen. Ein häufiger Wechsel zwischen Plus- und Minusgraden führt oft zu Glatteis, so dass die Kinder nicht selten wochenlang schulfrei kriegen. Luftaufnahme.

von einem Schneekristall her, dessen Fläche so ausgerichtet ist, dass sie das Sonnenlicht wie ein Spiegel ins Auge des Betrachters wirft. Nur bei einem von hunderttausend Kristallen ist dies zufällig gegeben. Doch das verschneite Land wird von so vielen Schneekristallen bedeckt, dass sich dieses funkelnde Ereignis für den Betrachter in jedem Moment tausendfach wiederholt. Ein Schneekristall ist zwar nur wenige Millimeter groß, aber das Licht der Sonne ist so stark, dass sich das Glitzern noch auf viele Meter Entfernung bemerkbar macht.

Die Reflexionen des Lichts an den Flächen und an den Kanten der Kristalle machen auch erst Fotos von ihnen möglich. Denn im Übrigen sind die Kristalle durchsichtig, der größte Teil des Lichtes geht durch sie hindurch. Das Weiß einer Schneefläche ist das Ergebnis von Reflexion und Streuung an ungezählten Flächen und Kanten. Der Effekt wird noch gesteigert dadurch, dass das Licht tief in die Kristallmasse eindringt. Altschnee ist dunkler als Neuschnee, weil sich die feinen Dendriten in gröbere Kristalle verwandeln und sich damit die Zahl der Kanten verringert.

22 Auf vielbefahrenen Straßen in Tromsø bilden sich Rippel aus Eis und Schnee, auf denen die Autos durchgeschüttelt werden.

23 Die Sonne lässt den Schnee glitzern. In der Ferne liegt Nebel auf den Feldern. Lappland.

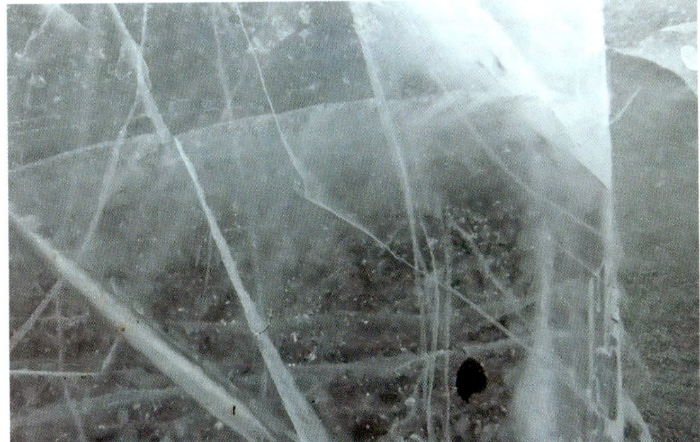

24 Die dicke Eisschicht auf dem zugefrorenen See ist transparent. Sie hat ein Blatt eingeschlossen wie Bernstein eine Inkluse.

Die starke Reflexion ist auch verantwortlich dafür, dass Schnee bei Sonnenschein nur allmählich schmilzt. Umso schneller wird die Haut braun, weil das Licht von allen Seiten kommt. Das schätzen viele Schneefreunde und riskieren dabei einen Sonnenbrand. Die übergroße Helligkeit und die damit verbundene UV-Strahlung sind besonders schädlich für die Augen. Darum braucht man eine Sonnenbrille mit UV-Schutz.

Sobald der Schmelzprozess so weit fortgeschritten ist, dass Teile des Bodens freiliegen, setzt er sich beschleunigt fort. Das liegt daran, dass dunkle Flächen das einfallende Sonnenlicht in Wärme verwandeln.

Warum ist eine Eisfläche rutschig?

Dass Schlittschuhläufer auf Eis gleiten, erklärte man vormals mit dem Druck der Kufen, der das Eis verflüssigt. Neuere Untersuchungen zeigen jedoch, dass sich bei jeder freien Eisfläche – auch bei Minusgraden – ein hauchdünner flüssiger Oberflächenfilm bildet, so dass auch ohne nennenswerten Druck ein Gleiten bzw. Ausgleiten möglich ist.[2]

25 Nils findet Ausrutschen lustig. Und wo er schon einmal unten liegt, untersucht er interessiert das hartgewordene Wasser.

26 Wenn eine einfache Fensterscheibe, deren Temperatur unter 0° liegt, von feuchtwarmer Luft getroffen wird, können sich Eisblumen bilden. Hier in einer Hütte von Rentierzüchtern in Lappland.

27 Eisblumen auf der Außenseite einer Windschutzscheibe. In der Nacht herrschte Frost und die Temperatur im Innern des Autos sank unter 0°. Am Morgen stieg die Temperatur außen schneller als innen, die feuchte Luft resublimierte in Form von Eisblumen.

28 Gefrorene Wasserfälle in Lappland.

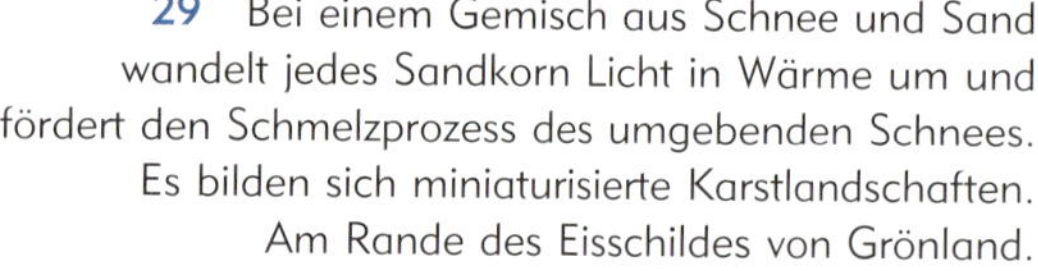

29 Bei einem Gemisch aus Schnee und Sand wandelt jedes Sandkorn Licht in Wärme um und fördert den Schmelzprozess des umgebenden Schnees. Es bilden sich miniaturisierte Karstlandschaften. Am Rande des Eisschildes von Grönland.

30 Schnee schmilzt besonders in der Nähe von freiliegenden Steinen und Felsen, die von der Sonne beschienen werden. Ist erst einmal etwas Gesteinsschutt freigelegt, setzt sich der Schmelzprozess umso rascher fort wie hier auf Grönland.

31 Der Verfasser erlebte auf Grönland die Zeichen des Klimawandels hautnah: Im März 2013 herrschten auf Westgrönland 8 °C statt des üblichen Frostes. Es war wochenlang wärmer als in Deutschland, und die Hundeschlitten blieben wegen Schneemangels liegen.

2 Wolken, Schnee und Regen

Dass Regen, Schnee und Hagel aus den Wolken fallen, weiß jedes Kind. Doch wie kommt es dazu?

An der Oberfläche von Meeren, Seen und Flüssen, aber auch auf Wiesen, Feldern, Wäldern und der Erde verdunstet Wasser. Dieser Wasserdampf steigt mit der Luft auf, die die Sonne erwärmt hat. Er bleibt unsichtbar, solange die relative Luftfeuchtigkeit ihre Sättigung noch nicht erreicht hat.

Verdunstendes Wasser kennt jeder vom Kochtopf her. Wird das Wasser erhitzt, bilden sich die ersten kleinen Blasen am Boden. Steigen sie auf, lösen sie sich im kühleren Wasser da-

32 Jährlich verdunstet auf unserem Globus eine Wassermenge, die 20 mal so groß ist wie der gesamte Inhalt der Ostsee, und kommt als Regen oder Schnee wieder herab. 86 % des verdunstenden Wassers stammt aus den Ozeanen.

33 Gischt vergrößert die Oberfläche von Wasser und fördert damit die Verdunstung. Südspanische Küste.

34 Bei Tofino steigt über dem Pazifik Morgennebel auf. Das Wasser ist wärmer als die Luft.

36 Kochendes Wasser. Das Gas Wasserdampf, das beim Erhitzen von Wasser den Kochtopf verlässt, ist selbst unsichtbar.
Was wir als »Dampf« sehen, ist wieder eine flüssige Form: Nebeltröpfchen aus kondensiertem Wasserdampf, das Gleiche, aus dem eine Wolke besteht.

rüber zunächst wieder auf. Erst, wenn das ganze Wasser heiß ist, kocht es sprudelnd: die Blasen steigen bis zur Oberfläche, platzen und geben ihren Inhalt frei.

In der kühleren Luft über der Wasseroberfläche kondensiert der Wasserdampf zu sichtbaren Schwaden. Was wir sehen, ist nicht das Wasser in seiner Gasform, sondern Wasser in zwei flüssigen Formen – das kochende Wasser und die kondensierten Nebeltröpfchen.

»Wasserdampf« im strengen Sinne ist Wasser in seinem gasförmigen Zustand und in dieser Form unsichtbar. Umgangssprachlich meint man mit »Wasserdampf« die Schwaden aus kondensierten Nebeltröpfchen. Im Weiteren wollen wir uns an den korrekten Sprachgebrauch halten. (Die naheliegende Bezeichnung »Wassergas« ist übrigens schon vergeben. In der chemischen Industrie wird damit eine Mischung aus Kohlenmonoxid und Wasserstoff bezeichnet).

35 Verdunstung verbraucht Energie. Diese entzieht das Wasser der Umgebung. Daher kommt der kühlende Effekt von Springbrunnen, den man seit der Antike schätzt.

37 Auch der »Dampf« einer Heißwasserquelle (hier Deildartunguhver auf Island) ist eine Nebelwolke aus feinen Tröpfchen, die an der kalten Luft kondensiert sind.

39 Wasserfälle lassen die Kraft erleben, mit der die Sonne das Wasser verdampft hat, das nun wieder herabstürzt. Waptafalls in Kanada.

38 Die Kraft des Wasserdampfes leitete in Europa die industrielle Revolution ein.
Ein Unikum ist die Steam Clock in Gastown im kanadischen Victoria. Sie wird von Wasserdampf getrieben und pfeift jede Stunde nach den Klängen von Westminster.

Bei der Bildung einer Wolke steigt der unsichtbare Wasserdampf auf in eine Höhe, in der es kühl genug und die relative Luftfeuchtigkeit hoch genug ist, dass sich zahlreiche Tröpfchen bilden. In ihrer Gesamtheit bilden sie eine Wolke. Die Unterseite von Wolken ist oft flach. Sie markiert die Grenzfläche, oberhalb derer der Wasserdampf zu Tröpfchen kondensiert. In großen Höhen, wo es kalt genug ist, bilden sich Eiskristalle, die das Licht besonders stark streuen und die Wolken strahlend weiß erscheinen lassen. Das ist spätestens in 10 000 m Höhe der Fall, an der Grenze zur Troposphäre. Die Eiskristalle wachsen beim Absinken und fallen als Schnee, oder sie schmelzen und werden zu Regentropfen, je nach Temperatur.

40 Über den Wolken.

41 Die Kondensstreifen von Flugzeugen werden nicht von Abgasen gebildet, sondern von Wassertröpfchen. Die Flugzeuge hinterlassen eine Zone des Unterdrucks, die zugleich Abkühlung mit sich bringt. Ist die relative Luftfeuchtigkeit hoch genug, kondensiert der in der Luft enthaltene Wasserdampf. Bei trockener Luft lösen sich die Streifen rasch wieder auf.

42 Der von Land oder Meer aufsteigende Wasserdampf ist unsichtbar. Sichtbar wird er erst, wenn er in einer kühleren Schicht der Atmosphäre zu Myriaden kleiner Tröpfchen kondensiert. Die Untergrenze dieser Schicht wird durch die flache Wolkenunterseite markiert.

44 Die Geburtsstätte des Regens. In einem wirbelnden Auf und Ab kollidieren die anfänglich leichten nebelfeinen Wassertröpfchen, verschmelzen zu größeren Tropfen, bis sie so schwer werden, dass sie unaufhaltsam zur Erde fallen.

43 Kondensstreifen eines Düsenjets, von einem anderen Flugzeug aus gesehen.

45 Wer mit dem Flugzeug durch Wolken geflogen ist, kennt die Situation: das Flugzeug gerät in »Turbulenzen«. Es fliegt wechselnd durch Zonen mit Auf- und Abwinden, die den Flieger recht ruppig durchschütteln können.

46 Die Unterseite von Wolken ist aus zwei Gründen dunkler als die Oberseite: Erstens liegt sie im Schatten und zweitens sammeln sich dort die herabsinkenden größeren Wassertropfen, die das Licht weniger streuen als kleine Tröpfchen oder Eiskristalle.

47 Dunkle Wolkenfelder durchziehen hellere Wolken. Der Helligkeitsunterschied ist auf Unterschiede in der Größe der Tropfen zurückzuführen, aus denen die Wolken bestehen.

48 Im Windschatten eines Berges bildet sich oft eine »Gipfelfahne«. In diesem Beispiel eines Berges am Nordkap ist sie besonders ausgeprägt. Die Sonne bescheint die Bergflanke, die erwärmte feuchte Luft steigt auf und zieht über den Gipfel, hinter dem sie in eine kühle Zone strömt, die unter dem Taupunkt liegt.

49 Eine Gipfelfahne am Felsen von Gibraltar, hier ein relativ seltenes meteorologisches Ereignis.

In einer Gewitterwolke (Cumulonimbus) kann eine Million Tonnen Wasser enthalten sein. Sie erreicht eine Höhe von 13 km, in den Tropen sogar bis zu 18 km. Im oberen Bereich bilden sich bei einer Temperatur von unter –15 °C winzige Eiskristalle. Beim Absinken schmelzen sie oft wieder. Aufwinde im Innern der Wolke treiben die Teilchen immer wieder nach oben. Gefrieren und Auftauen wechseln ständig. Beim Gefrieren wird Wärme frei, die wiederum die Luftzirkulation beeinflusst. Kleine Tröpfchen oder Eispartikel wachsen zu großen zusammen,

50 Über dem Land braut sich eine Gewitterwolke zusammen. Direkt darunter kann man ihre mächtige Höhe nur daran erahnen, wie dunkel es wird. Litauen.

51 Wie riesig eine Gewitterwolke sein kann, erkennt man auf dieser Aufnahme, die vom Flugzeug aus über Polen gemacht wurde. Rechts in der Ferne über der Stadt hat sich eine Wolke von typischer Ambossform gebildet und sich weit über die umgebenden Wolkenschichten erhoben.

bis sie schließlich so schwer werden, dass sie als Platzregen oder als Hagel zu Boden fallen.

Wenn Wasser verdunstet, entweichen Wassermoleküle, die genügend kinetische Energie haben, um sich vom Verband etwa in einem See zu lösen. Das ist abhängig von der Temperatur und vom Partialdruck des Wasserdampfs. Zum Beispiel enthält die Luft bei 10 °C höchstens 10 g/m^3, bei 30 °C maximal 30 g/m^3. Bei 100 °C, wie es in der

Blitz und Donner

Im heftigen Auf und Ab in einer Gewitterwolke reiben sich die Teilchen und ändern ihre elektrostatische Ladung: die Eiskristalle verlieren Elektronen und laden sich positiv auf, die Tropfen übernehmen Elektronen und laden sich negativ auf. Oben in der Wolke entwickelt sich so ein Gebiet positiver Ladung, in Bodennähe ein Gebiet negativer Ladung. Wenn die Spannung mehrere hundert Millionen Volt beträgt, entsteht ein Kurzschluss: ein Blitz entlädt sich. Der Donner entsteht durch die plötzliche Erhitzung und Ausdehnung der Luft entlang des Blitzkanals.[3]

52 Die Energie in einem Blitzkanal kann so stark sein, dass sogar Kernfusionen stattfinden und Gammastrahlen ausgesandt werden.

53 Wenn Gewitterwolken in der Höhe auf eine wärmere Luftschicht stoßen, können sie nicht weiter aufsteigen, breiten sich dort aus und bilden eine typische Ambossform. Ostsee bei Nida.

Sauna erreicht wird, kann die Luft mehr als ein Pfund Wasser pro Kubikmeter enthalten. Werden diese Grenzen überschritten, kondensiert der Wasserdampf zu Tröpfchen, vor allem an Staubteilchen in der Luft. Ebenso kondensiert der Wasserdampf an kühleren Objekten. Wir merken es etwa daran, dass die Brillengläser beschlagen, wenn wir aus der Kälte im Freien in einen beheizten Raum kommen. In der heißen Sauna ist es nicht nur Schweiß, der am Körper herabläuft. Der eigene Körper ist kühler als die dampfgesättigte Luft, daher kondensiert der Wasserdampf auf der Haut und rinnt in wohltuenden Bächen herab.

Die Grenze, ab der beim Aufsteigen warmer Luft der unsichtbare Wasserdampf zu Tröpfchen kondensiert, lässt sich gut erkennen: es ist die flache Unterseite der Wolken. Franst dagegen die dunkle Unterseite aus, so ist das meistens ein Zeichen dafür, dass die Wolke begonnen hat, abzuregnen. Und wenn ein grauer, schräg gestellter Vorhang von der Wolke bis zur Erde reicht, wissen wir, dass es dort regnet oder schneit.

Manchmal sieht man graue Schleppen an der Unterseite von Wolken, die den Boden nicht berühren. Dabei handelt es sich um Niederschlag in »Virgaform«: Die fallenden Tropfen oder Schneekristalle verdunsten, bevor sie die Erde treffen.

54 Schneefall über den Eisbergen bei Ilulissat. Quelle: Webcam Hotel Arctic.

55 Niederschlag in Virgaform bei Ilulissat. Quelle: Webcam Hotel Arctic.

Wolkengattungen

Man unterscheidet nach Art ihrer Erscheinung 12 Gattungen von Wolken, Nebel und Dunst:[4]

Hohe Wolken (in 8–12 km Höhe):

1. **Cirrus**
   Isolierte weiße Wolken, faserig oder seidig schimmernd
2. **Cirrostratus**
   Faserige oder seidige Wolkenschleier in großer Ausdehnung
3. **Cirrocumulus**
   Felder von kleinen Wolken oft in regelmäßiger Anordnung

Mittelhohe Wolken (in 2–7 km Höhe):

4. **Altocumulus**
   Felder von weißen oder grauen Wolken mit Eigenschatten
5. **Altostratus**
   Meist einförmige graublaue großflächige Felder

Tiefe Wolken (in 0–2 km Höhe):

6. **Stratocumulus**
   Graue und weiße Schollen oder Ballen über große Bereiche
7. **Stratus**
   Durchgehend graue Wolkenschicht, oft feiner Niederschlag
8. **Nebel**
   Wolken mit Bodenkontakt
9. **Dunst**
   Nebel oder Staub mit Sichtweite von über 1 km

Wolken mit großer vertikaler Erstreckung (0–13 km Höhe):

10. **Cumulus**
    Isolierte dichte und scharf abgegrenzte »Blumenkohlwolken«
11. **Cumulonimbus**
    Turmartige massige Wolke, oft ambossförmig, Gewitter
12. **Nimbostratus**
    Graue dunkle Wolkenschicht, oft mit Regen oder Schnee

56 Wenige Kilometer über der Erdoberfläche erstreckt sich ein Altocumulus-Feld.

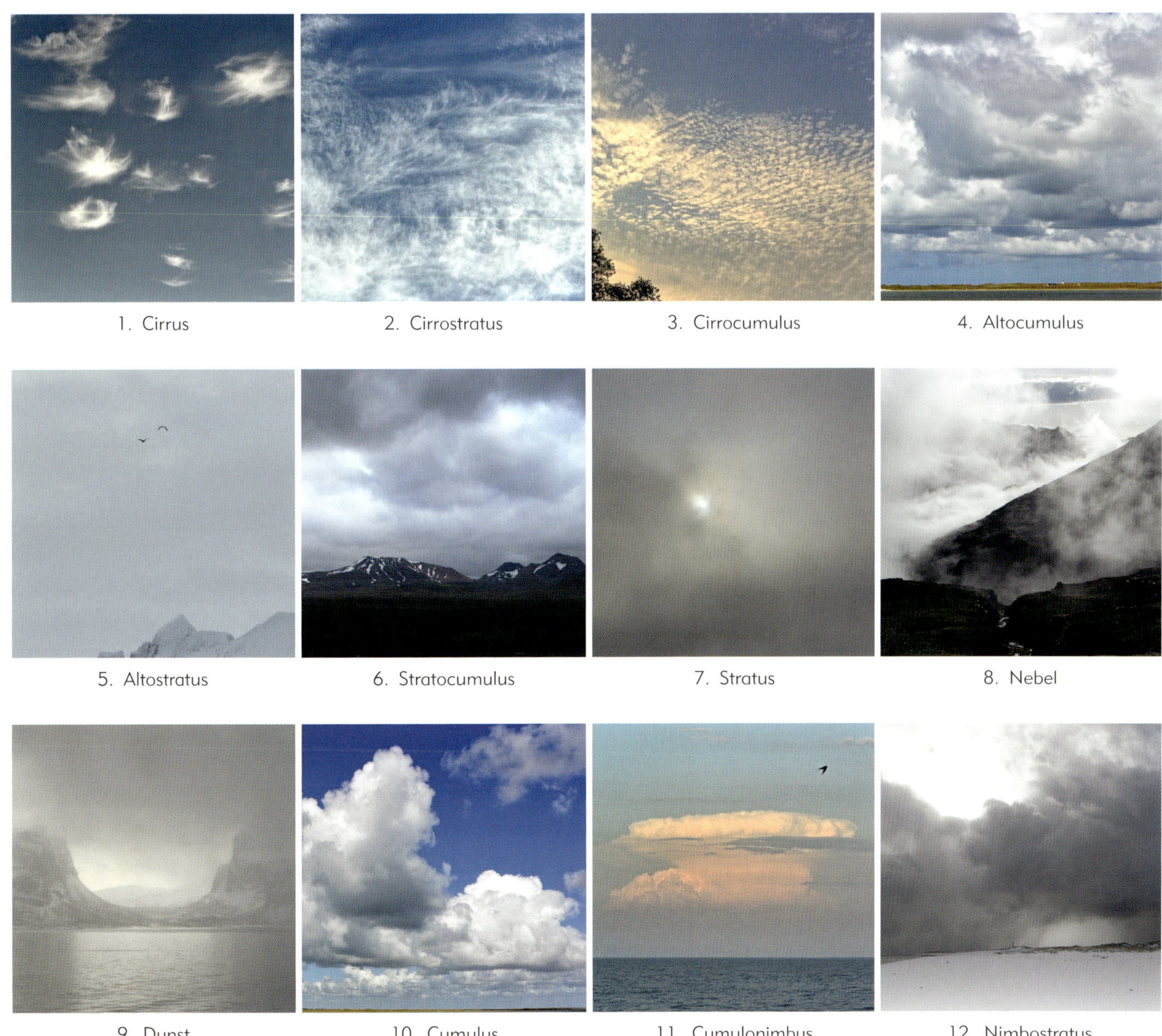

1. Cirrus
2. Cirrostratus
3. Cirrocumulus
4. Altocumulus
5. Altostratus
6. Stratocumulus
7. Stratus
8. Nebel
9. Dunst
10. Cumulus
11. Cumulonimbus
12. Nimbostratus

57 Wolkengattungen, Nebel und Dunst.

Schmutz als Schnee- und Regenmacher

Wir haben in der Schule gelernt, dass Wasser bei 0 °C gefriert. Aber das stimmt nicht ganz. Reines Wasser kann bis auf minus 48,3 °C heruntergekühlt werden, bevor es zu Eis erstarrt.[5] Das scheint aller Erfahrung zu widersprechen, die wir in jedem Winter machen.

Die Kondensation zu Tropfen und Eiskristallen wird meistens dadurch eingeleitet, dass sich die Wassermoleküle an Schwebeteilchen anlagern. Man spricht dann von heterogener Kondensation. Homogene Kondensation, also die von reinem Wasser, kommt unter natürlichen Umständen relativ selten vor, da Aerosole im Allgemeinen in reichlicher Menge in der Atmosphäre treiben. Oft handelt es sich um Wüstenstaub, um Meersalzkristalle, um Rauchpartikel von Vulkanen, Pilzsporen und um Terpene von Nadelwäldern. Einen zunehmenden Anteil machen menschengemachte Verunreinigungen

58 Zwischen Cirrostratus und Altostratus in 10 km Höhe.

59 Gerippelte Wolkenfelder können sich an der Grenze von Luftschichten bilden, die sich unterschiedlich schnell bewegen. Die vertrauten Wellenbildungen an der Grenzfläche von Wasser und Luft folgen dem gleichen Prinzip.

61 Feuerwerk im November. Im Hintergrund sieht man, wie in der kaltfeuchten Luft an den freigesetzten Aerosolen Nebelschwaden entstehen.

60 Wenn die Temperatur wassergesättigter Luft auf den Taupunkt absinkt, entsteht Nebel. Das ist im Herbst oft in der Nähe von Gewässern der Fall. Die Tröpfchengröße liegt zwischen 10 und 40 µm und ist damit geringer als in den Wolken. Abendnebel über den Prypjatsümpfen bei Tschernobyl, 4 Jahre vor dem Bau des dortigen Kernkraftwerks, das 1986 havarierte.

62 Die Aerosole in der Luft stammen zum Teil von Terpenen, die Bäume an die Umwelt abgeben und oft als charakteristischer Duft wahrzunehmen sind. Sie tragen auch zu dem Dunst bei, der ferne Berge blau erscheinen lässt wie hier in den Rocky Mountains.

63 Ein Teil der Aerosole stammt von Waldbränden wie hier in Kanada.

aus. Dazu gehören Ruß, Schwefelsäure und Derivate von Ammoniak, die in großer Menge von Rinderherden freigesetzt werden. Als Kondensationskeime werden Aerosole wirksam, wenn sie eine Größe von 60 Nanometer überschreiten. Ihre chemische Beschaffenheit spielt keine große Rolle.[6]

Viele werden es schon beobachtet haben: Manches prächtige Feuerwerk verschwindet fast in Wolken, die es selbst erzeugt hat. Dabei handelt es sich nicht nur um Rauch. Vielmehr führen die vom Feuerwerk erzeugten Aerosole bei Kälte und hoher Luftfeuchtigkeit zu Nebelbildung.

In der Nähe von Fabrikanlagen kann es im Winter zum sog. »Industrieschnee« kommen: der Ausstoß der Fabriken erzeugt Aerosole, die in unmittelbarer Nähe zu Schneefall führen.[7] Auch gewöhnlicher Kaminrauch kann unter Umständen dazu führen, dass es am Hause schneit, während der Himmel blau ist.

Bei sauberer Luft in den Tropen verdunstet viel Wasser und regnet in dicken Tropfen bald wieder ab. Bei verschmutzter Luft bilden sich viele kleine Tropfen, die hoch aufsteigen und oft an anderem Ort als der Entstehung abregnen.

64 »Künstlicher Regen«. Aus einem Luftbefeuchter strömt Wasserdampf gegen eine Glasscheibe. Zuerst bildet sich ein Schleier aus nebelfeinen Tröpfchen. Diese vereinigen sich zunehmend zu größeren Tropfen. Wenn sie groß genug sind, sorgt die Schwerkraft dafür, dass es »regnet«.

Große Tropfen entstehen nicht durch allmähliches Anlagern von immer mehr Molekülen. Ein solcher Prozess wäre zu langsam. Vielmehr entstehen größere Tropfen dadurch, dass kleine Tropfen kollidieren und zu größeren verschmelzen. Dahinter verbirgt sich die physikalische Tendenz von Materialien, die eigene Oberfläche zu verkleinern.[8] Auf dem Weg zur Erde können Regentropfen eine Geschwindigkeit von bis zu 35 km/h erreichen. Dabei geraten sie oft in Schwingungen und können wieder zerspringen.

Laut UN-Weltklimabericht von 2013 stellt der Zusammenhang von Wolkenbildung und Aerosolen einen der wichtigsten Faktoren zum Verständnis des Klimawandels dar. Wolken wirken kühlend, weil sie Licht der Sonne in den Weltraum reflektieren. Manche »Geoingenieure« haben tatsächlich vorgeschlagen, die Luft noch mehr zu verschmutzen, um die Erderwärmung zu bremsen. Allerdings: Künstlich erzeugte Aerosole wirken zwar wolkenbildend und damit abkühlend, doch die Treibhauswirkung der menschengemachten Stäube und Gase ist zu stark, um dadurch ausgeglichen werden zu können.

Die Zusammenhänge sind sehr komplex. Wasserdampf ist das wirksamste Treibhausgas, stärker als beispielsweise CO_2. Wolken verhindern die Auskühlung der Erdoberfläche. Bei aller Diskussion um den Treibhauseffekt sollten wir nicht vergessen: ohne die Wirksamkeit von Wasserdampf und Kohlendioxid wäre die ganze Erde vereist. Es würde eine lebensfeindliche Temperatur von durchschnittlich minus 18 °C herrschen!

Welch dramatische Auswirkung große Mengen von Aerosolen haben können, zeigt das Ende der Kreidezeit vor 65 Mio. Jahren. Der Asteroideneinschlag von Chicxulub an der mexikanischen Küste brachte das Aussterben der Dinosaurier und 75 % aller Tierarten mit sich. Das geschah vor allem dadurch, dass gigantische Mengen von Aerosolen in die obere Atmosphäre geschleudert wurden. 80 % der Sonneneinstrahlung wurde abgeblockt. Ein jahrzehntelanger globaler Winter ließ es auf der ganzen Erde kalt und dunkel werden.[9]

3 Jeder Tropfen ein kleines Kunstwerk

Siehe, eine Wasserperle
rollt auf krausem Grün,
bettet sich in schwanker Schale,
glitzert vor sich hin.
Zittre, kleiner Tropfen, funkle,
sprühe Sonnenlicht.
Zeigst wohl tausend fremde Farben,
aber eigne nicht.
Du bist unscheinbar,
winzig bist du und bescheiden,
aber alle Welt
muss als kleine Welt dich kleiden.

M.K. 1969

»Tauperlen sind die Tränen der gefallenen Engel, die Luzifer gefolgt sind«, so sagt der Volksmund.[10] Solche Sprachbilder tragen eine Symbolik, die in das Weltbild früherer Generationen führt und uns heute noch berühren kann. Die wissenschaftliche Betrachtung, die oft aus Alltagsbeobachtungen hervorgegangen ist, spielt sich auf einer anderen Ebene ab. Sie ist nüchterner, aber nicht weniger interessant und oft von hohem praktischen Nutzen.

Tau ist ein Niederschlag, den wir frühmorgens besonders an Gräsern, Blättern und anderen Objekten beobachten können. »Niederschlag« ist hierbei nicht so zu verstehen, dass Tropfen aus der Luft niedergefallen sind. Die Luft ist

65 Lotuseffekt. Ein bis ins Submikroskopische feiner Haarpelz lässt die Tropfen abperlen oder verdunsten. Ältere Buchsbaumblätter haben dagegen eine glatte Oberfläche, die vom Wasser benetzt wird.

66 Tautropfen. Wie Regentropfen an Schwebeteilchen, so bilden sich Tautropfen an den Härchen der jungen Buchsbaumblätter.

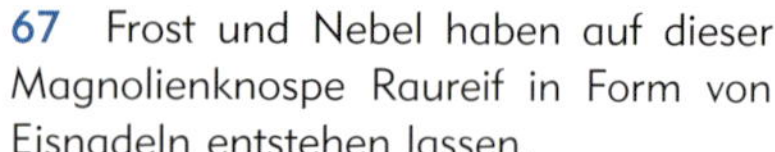

67 Frost und Nebel haben auf dieser Magnolienknospe Raureif in Form von Eisnadeln entstehen lassen.

68 Der Strokkur auf Island ist alle 10 Minuten aktiv. Wenn der Geysir ausbricht, wölbt sich über dem Schlot zunächst eine Kuppel aus kochendem Wasser, das dann bis zu 35 Meter emporschießt und zu Millionen Tropfen explodiert.

in der Nacht abgekühlt. Da die Menge an Wasserdampf, die die Luft aufnehmen kann, mit abnehmender Temperatur sinkt, kondensiert der Wasserdampf, und zwar bevorzugt an Fremdkörpern (heterogene Kondensation). Liegt die Temperatur unter dem Gefrierpunkt, so resublimiert der Wasserdampf zu Raureif.

Im Laufe des Tages erwärmt sich die Luft. Damit steigt ihre Kapazität für Wasserdampf, der Tau löst sich auf, ebenso wie der Morgennebel, der oft mit Taubildung einhergeht.

In Gegenden, in denen es kaum oder gar nicht regnet, gedeihen dennoch manche Pflanzen und Tiere, weil sie Tau aufnehmen können. Denn gerade in Wüsten ist es nachts oft sehr kalt, was die Taubildung fördert. Es gibt eine einfache Methode, aus Tau Trinkwasser zu gewinnen: Man spannt abends ein Tuch oder eine Folie mit Stäben über einem Gefäß auf. Der Tau sammelt sich an dem Tuch und tropft in das Gefäß, und morgens hat man etwas Trinkwasser. Diese Möglichkeit wurde erst vor wenigen Jahrzehnten entdeckt und ist inzwischen in regenarmen Gebieten mithilfe großflächiger »Nebelfänger« umgesetzt worden. Sicherlich hätte diese Methode in der Vergangenheit manchen Unglücklichen in der Wüste vor dem Verdursten bewahren können.

Fallende Tropfen sind *nicht* »tropfenförmig« wie in dem abgebildeten Schema, auch wenn es vielleicht der Vorstellung der meisten Menschen entspricht. Das Schema ist lediglich eine ungefähre Wiedergabe der Form, die Wasser annimmt, kurz bevor es sich z. B. vom Wasserhahn löst. Was alles passiert, wenn ein Tropfen fällt, ist interessant und von ästhetischem Reiz. Schauen wir uns den Vorgang genau an.

69 Gängiges Tropfenschema.

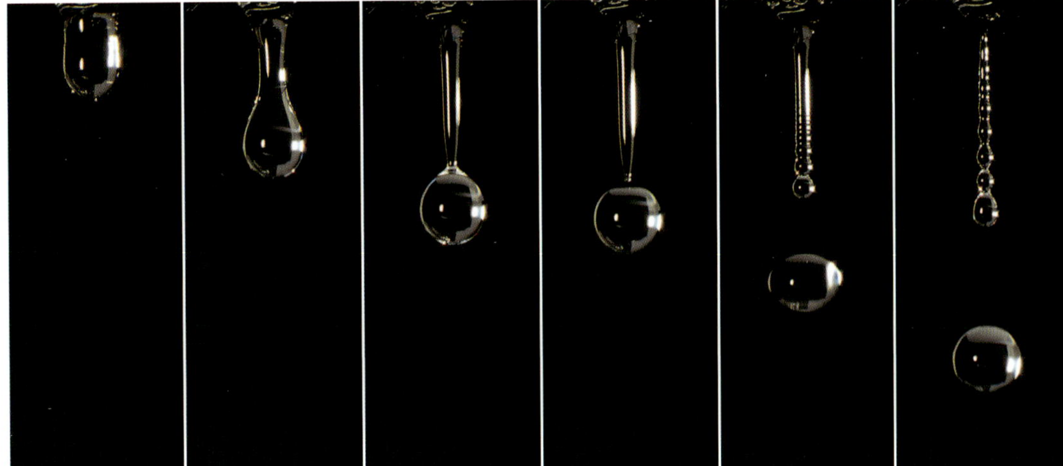

70 Ein Tropfen löst sich vom Wasserhahn.

In der Bildsequenz, die eine Auswahl aus hunderten von Blitzaufnahmen darstellt, zeigen sich charakteristische Phasen, die immer wieder aufeinander folgen:

Zunächst sammelt sich das Wasser an der Hahnmündung. Die Wasserteilchen ziehen sich gegenseitig an. Diese Kohäsionskräfte schaffen Oberflächenspannung und verhindern, dass das Wasser sofort herabfällt. Die sackartig hängende Wasseransammlung ist das Bild, das wir mit bloßem Auge alltäglich beobachten können, während die folgenden Phasen zu rasch ablaufen, um direkt beobachtet werden zu können: Der Wassersack senkt sich herab und zieht einen länger werdenden Wasserfaden nach sich. Der Faden schnürt sich am unteren Ende ein, bis die Verbindung zum Tropfen abreißt. Kohäsion und die damit verbundene Elastizität lassen den Tropfen im Fallen um die Kugelform schwingen. Währenddessen geht der Faden in eine Perlschnur von Tröpfchen über, die sich vom Hahn löst und ebenfalls herabfällt.

71 Das raumzeitliche Muster wiederholt sich Tropfen für Tropfen in erstaunlicher Regelmäßigkeit. Hier vier verschiedene Tropfen, in gleicher Phase fotografiert.

Noch erstaunlicher sind die raumzeitlichen Kleinplastiken, die Tropfen erzeugen, wenn sie in eine Pfütze fallen. Auch diese entgehen dem direkten Blick, lassen sich aber im Elektronenblitz von ca. 1/30 000 Sekunde Dauer wunderbar einfangen:

Zunächst dellt der kugelförmige Tropfen die Wasseroberfläche ein. Er flacht dabei etwas ab und erzeugt ein Speichenrad aus feinsten Spritzern, die sich radial nach den Seiten ausbreiten. Beim tieferen Eindringen steigt rings um die Einschlagstelle eine dünne Wasserwand empor und bildet eine Becherform. Am oberen Rand zerteilt sie sich in eine Krone, von deren Spitzen aus sich trichterförmig hunderte von Tröpfchen ausbreiten.

72 Ein Tropfen fällt in eine Pfütze. Schon berührt er fast sein Spiegelbild.

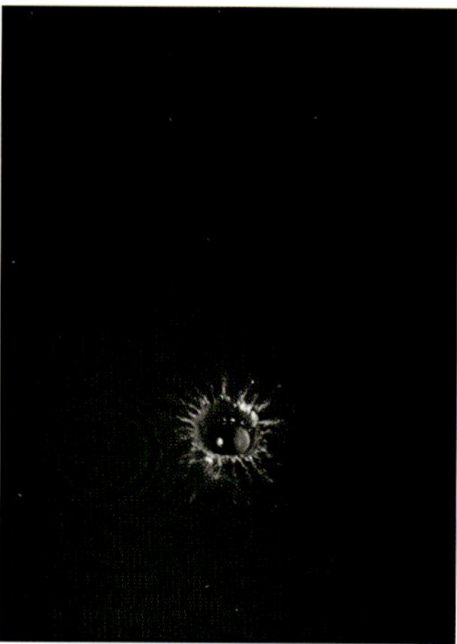

73 Der Einschlag. Ein Kranz feiner Spritzer breitet sich horizontal nach allen Seiten aus.

74 Es bildet sich ein Becher, dessen dünne Wand emporschießt. Zahlreiche Tröpfchen stieben oben kraterförmig auseinander.

75 Manchmal entsteht statt des Bechers eine Blase.

76 Der Becher wird zu einer Krone, ihre Spitzen werden zu Kugeln.

77 Die Krone sinkt zu einer Blütenform zusammen. Eine Kreiswelle läuft nach außen, eine zweite auf das Zentrum zu.

78 Die innere Kreiswelle konzentriert ihre Energie im Zentrum, treibt eine Wassersäule hoch.

79 Ein Sprühregen feiner Tröpfchen senkt sich herab.

Indem der Becher zusammensinkt, verdickt sich seine Wand, die Spitzen der Krone ziehen sich zu Kugeln zusammen. Aus dem zusammengesunkenen Becher entsteht eine Rosettenform, von der zwei konzentrische Wellenzüge ausgehen: der eine zentrifugal nach außen, der andere zentripetal nach innen. Dort, wo die Welle im Zentrum zusammenläuft, lässt sie einen steilen Wasserkegel aufsteigen und treibt zahlreiche Tröpfchen in die Höhe, die dann als feiner Regen herabsinken.

Nichts für Warmduscher

Eine oft diskutierte Frage: Warum zieht sich der Duschvorhang nach innen und klebt an den Beinen? Es wurden schon verschiedene Strömungstheorien und der Bernoulli-Effekt bemüht. Doch die Bewegung des Wassers aus der Brause ist nicht der entscheidende Parameter. Entscheidend ist der Temperaturunterschied zwischen Duschbereich und Außenbereich. Die durch das warme Duschwasser erhitzte Luft steigt nach oben, dadurch entsteht ein Unterdruck in der Nasszelle, der den Duschvorhang nach innen zieht. Wer's nicht glaubt, braucht nach der Warmdusche nur auf kaltes Wasser umzuschalten: schon bläht sich der Duschvorhang nach außen. Denn jetzt ist die Innentemperatur niedriger als außen und die Luft strömt von oben in den Duschbereich. Natürlich ist das nichts für Warmduscher ...

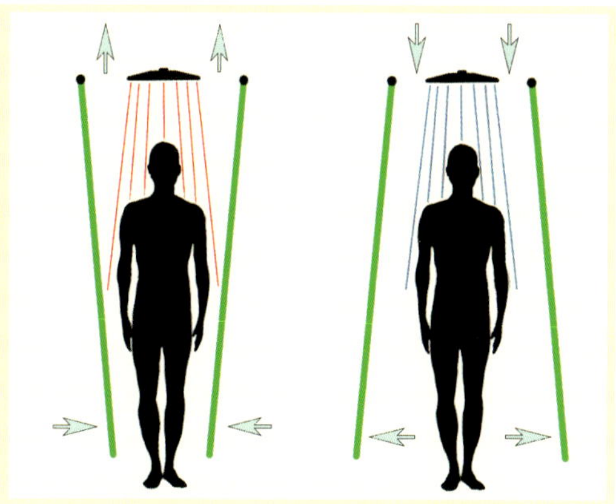

80 Duschvorhang bei warmer und bei kalter Dusche.

81 Unter der Dusche von Kugeln getroffen. Sobald sich die Tropfen vom Duschkopf gelöst haben, verwandeln sie sich in Kugeln.

Bei jedem Tropfen ist der Vorgang ähnlich, aber es gibt auch Unterschiede. So treibt der obere Rand des »Bechers« nicht immer nach außen, sondern er schließt sich gelegentlich und bildet so eine Blase. Solche kurzlebigen Blasen sehen wir häufig bei starkem Regen in Pfützen.

Wasser wie Feuer

Wird Wasser erhitzt, erhöht sich die kinetische Energie der Moleküle, sie bewegen sich rascher und geben Wärmestrahlung ab. Das heiße Wasser können wir zwar fühlen, aber nicht sehen, weil die Lichtrezeptoren der Augen für Wärmestrahlung blind sind. Eine Wärmebildkamera übersetzt die langwellige Strahlung in sichtbares Licht. Heiß bis kalt ist in den Farben Weiß, Gelb, Rot, Violett bis Blau codiert.

82 Heißes und kaltes Wasser mischen sich in der Badewanne. Die Aufnahmen mit einer Wärmebildkamera lassen den Eindruck eines Flammenmeers entstehen.

Lebenselixier Wasser

Neben der Kohäsion, die die Wasserteilchen selbst zusammenhält, gibt es die Adhäsion, die Wasser an Fremdstoffen anhaften lässt. Sie ist für die »Kapillarwirkung« verantwortlich, die etwa dafür sorgt, dass Wasser von Löschpapier aufgenommen wird. Lebenswichtige Bedeutung hat sie für uns vor allem dadurch, dass das Blut den feinsten Blutgefäßen folgen und damit in alle Körpergewebe gelangen kann, nicht zuletzt zu den Nervenzellen des Gehirns. Für das Leben allgemein hat sie Bedeutung vor allem dadurch, dass sie Pflanzen den Wassertransport von den Wurzelzellen bis zu den Blättern ermöglicht. Transpiration an den Blättern erzeugt einen Unterdruck, der den Aufstieg des Wassers befördert. Die höchsten Bäume der Welt – Mammutbäume – können nicht über 130 m hoch werden, weil dann die Wassersäule in den Kapillaren reißen würde.

Entscheidende Bedeutung für das Leben hat Wasser in vielfacher Hinsicht. Der entwicklungsgeschichtlich älteste und wichtigste Vorgang ist die Photosynthese von Pflanzen und bestimmten Bakterien. Dabei nutzt Chlorophyll Sonnenenergie, um Wasser in seine Bestandteile zu spalten und zusammen mit Kohlendioxid in Sauerstoff und den Energieträger Traubenzucker zu verwandeln:

$$6\,CO_2 + 12\,H_2O \xrightarrow{\text{Licht}} C_6H_{12}O_6 + 6\,O_2 + 6\,H_2O$$

Photosynthese. Wasser, das eine Pflanze aufnimmt, wird unter Lichteinfluss zusammen mit Kohlendioxid in seine Bestandteile gespalten und teilweise zu Traubenzucker synthetisiert. Der Rest wird als Sauerstoff und Wasser frei.

Darüber hinaus ist Wasser Lösungsmittel für viele Stoffe. Es ist unentbehrliches Transportmittel und Medium für die Wechselwirkung zahlloser Substanzen im Leben von Pflanzen, Tieren und Menschen. Der menschliche Körper besteht zu 70 % aus Wasser, das Gehirn zu 80 %, Blutplasma zu 95 %.

83 Die westkanadischen Douglasien gehören zu den höchsten Bäumen der Welt. Die Versorgung der Kronen gerät an ihre Grenzen. Das Wasser mit den gelösten Nährstoffen muss von den Wurzeln aufgenommen und gegen die Schwerkraft an die oberirdischen Pflanzenteile geleitet werden. Das wird durch die Kapillarwirkung der Leitungsgefäße möglich und durch den Transpirationssog, der durch Verdunstung an den Spaltöffnungen der Nadelblätter entsteht.

Die Zusammensetzung der Salze in unserem Blut entspricht der Zusammensetzung des Meerwassers, dem vor 400 Millionen Jahren unsere fernen Vorfahren entstiegen sind. So gesehen, hat unser Körper die Verhältnisse von außen nach innen gekehrt und ist jetzt eine Meerwasserkapsel.

Wir sind gewohnt, die äußere Hülle des menschlichen Körpers zu beachten. Tatsächlich dient sie zu einem großen Teil dazu, flüssigen Bestandteilen wie Blut, Lymphe und Liquor Wasserstraßen zu bieten, über die sie transportiert werden können. Nur so können Blutkörperchen, Antikörper, Hormone, Proteine, Neurotransmitter und Mineralstoffe an ihre Zielorte gelangen und die körpereigenen Grundlagen für unser Leben liefern. Bei Wassermangel (Dehydration) würden wir Kopfschmerzen, Herzrasen und Krämpfe bekommen, unsere körperliche und geistige Leistungsfähigkeit einbüßen und spätestens nach vier Tagen qualvoll verdursten.

84 Spanisches Moos hängt in Regenwäldern bartartig von Bäumen herab. Dort parasitiert es nicht, sondern bezieht Wasser und Nährstoffe allein aus der Luft.

85 Querschnitt durch einen fossilen Stromatolithen, Minnesota, USA, Präkambrium. Die dunklen Bereiche sind organischen Ursprungs, die roten sind Eisenoxide. Mit einem Alter von 2,3 Milliarden Jahren gehören solche Stromatolithen zu den ältesten Zeugnissen von Leben auf der Erde. Sie bilden die fossilen Reste von Cyanobakterien, die mittels Photosynthese aus Wasser und Kohlendioxid als »Abfallprodukt« die Sauerstoffatmosphäre schufen, die wir heute zum Atmen brauchen.

4 Wasser und Eis in der Welt des Allerkleinsten

Auch wenn die moderne Teilchenphysik nicht mehr von Teilchen sprechen möchte, sondern nur noch von abstrakten Strukturen, ist es für das Allgemeinverständnis hilfreich, sich an anschaulichen Modellen orientieren zu können. Selbst hochrangige Physiker wie Einstein haben sich so weit als möglich daran gehalten. Es ist völlig legitim, solange man sich bewusst bleibt, dass es sich nur um Modelle handelt und nicht um die physikalische Wirklichkeit selbst. Was wir als Elementarteilchen bezeichnen, hat Eigenschaften, die sich unserer Vorstellung entziehen. Beispielsweise müssten wir berücksichtigen, dass jedes »Teilchen« raumzeitlich über das gesamte Universum »verschmiert« ist oder dass es gleichzeitig existieren und nicht existieren kann. Für unser Denken ist die Vorstellung von Dingen hilfreich, die miteinander in Beziehung stehen. Dem soll auch im Weiteren gefolgt werden, soweit es dem Verständnis dient.

So verstehen wir viele Besonderheiten des vertrauten Lebenselixiers Wasser und der Schneekristalle besser, wenn wir uns anschauen, wie wir uns die kleinsten Bestandteile vorstellen können und wie sie miteinander wechselwirken.

Atome kann man sich nach dem Modell von Niels Bohr als Atomkerne vorstellen, um die auf einer oder mehreren konzentrischen Schalen Elektronen schwingen. Die Elektronen auf der äußersten Schale sind als »Valenzelektronen« wesentlich daran beteiligt, wie sich Atome in chemischen Verbindungen zu Molekülen formieren.

Ein Wassermolekül besteht, wie die Summenformel H_2O schon sagt, aus einem Sauerstoffatom und zwei Wasserstoffatomen. Das größere Sauerstoffatom hat auf seiner äußeren Schale sechs Elektronen und noch Platz für zwei weitere. Als kleinstes Atom hat ein Wasserstoffatom ein einziges Elektron, seine Schale hätte aber Platz für zwei. Durch die Verbindung der beiden unterschiedlichen Elemente vervollständigen sie wechselseitig ihre äußeren Elektronenschalen. Die Elektronen schwingen nun zwischen beiden Elementen hin und her und bilden gleichsam ein Band zwischen ihnen. Eine solche »kovalente« Bindung (Atombindung) ist relativ stark und beständig.

Daneben gibt es beim Wasser die Besonderheit einer »nebenvalenten« Bindung. Sie rührt daher, dass das Wassermolekül ein »Dipol« ist: Auf der Seite der beiden Wasserstoffatome ist

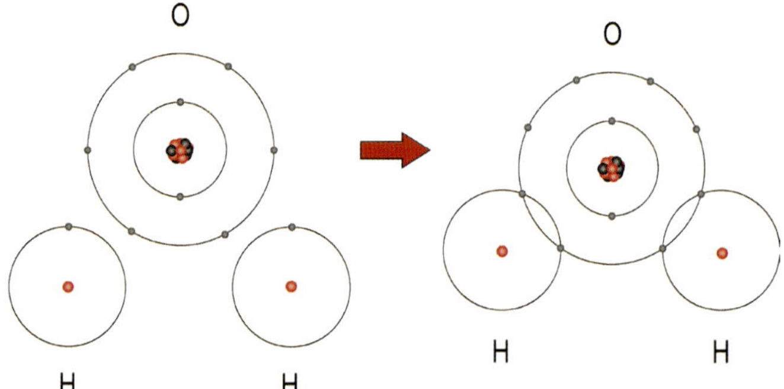

86 2 Wasserstoffatome und ein Sauerstoffatom verbinden sich zu H_2O. Dabei teilt sich jedes Wasserstoffatom zwei Elektronen mit dem Sauerstoffatom.

das Wassermolekül partiell positiv geladen (»delta plus«), auf der gegenüber liegenden Seite ist das Sauerstoffatom partiell negativ geladen (»delta minus«). Über die »Wasserstoffbrücken« ergibt sich die Möglichkeit zu losen Verbindungen zu den Sauerstoffatomen benachbarter Wassermoleküle. Sie sind nicht so stark wie die kovalenten Verbindungen, haben aber erhebliche Konsequenzen, vor allem für das Leben auf der Erde.

Der Umstand, dass sich unser Planet Erde in der »habitablen Zone« befindet, wo Wasser in dem weiten Bereich zwischen 0 und 100 °C flüssig und nicht gasförmig ist, ist den nebenvalenten Verbindungen zu verdanken. Sie sorgen dafür, dass flüssiges Wasser einen relativ geschlossenen Verband von Molekülen bildet, auch wenn im Einzelnen die nebenvalenten Verbindungen nur flüchtigen Bestand haben und ständig wechseln. Bei flüssigem Wasser verhalten sich die Moleküle ähnlich wie Personen bei einem Gruppentanz, die während der Bewegung wechselnden Partnern die Hand geben und wieder loslassen. Solange die Bewegungen nicht zu heftig sind – sprich: die Temperatur nicht zu hoch ist – bleibt der lose Verband bestehen.

Demgegenüber hat etwa Methan, das nicht über solche Verbindungen verfügt, seinen Siedepunkt schon bei minus 162 °C und wird bei minus 182 °C fest. Nur bei sehr kalten Verhältnissen wie auf dem Saturnmond Titan kann es dazu kommen, dass es Methan regnet und dass es entsprechende Flüsse und Meere gibt. Titan gilt daher als erdähnlichster Himmelskörper

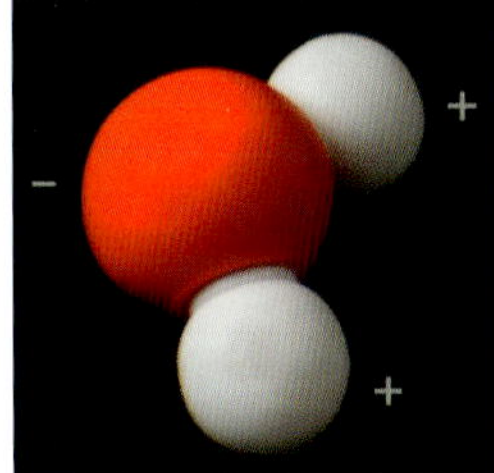

87 Wassermolekül.

88 Zum Vergleich das Strukturmodell eines Methanmoleküls. Ein Kohlenstoffatom ist kovalent mit vier Wasserstoffatomen verbunden. Aufgrund der hohen Symmetrie der Tetraederform ist Methan kein Dipol und kann nicht die typischen Eigenschaften von Wasser aufweisen.

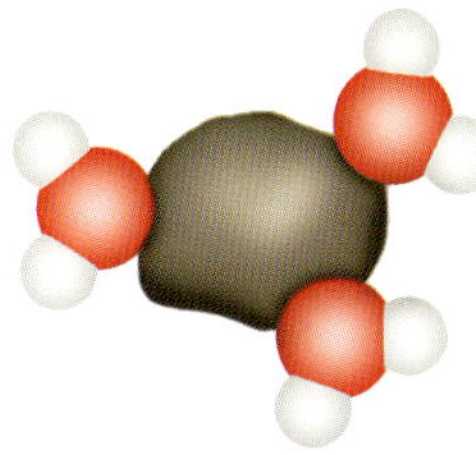

91 Durch die Anlagerung von Wassermolekülen an ein Schwebeteilchen wird eine Stabilisierung erreicht, die die Kumulierung von Wassermolekülen und die Eiskristallbildung wesentlich begünstigt.

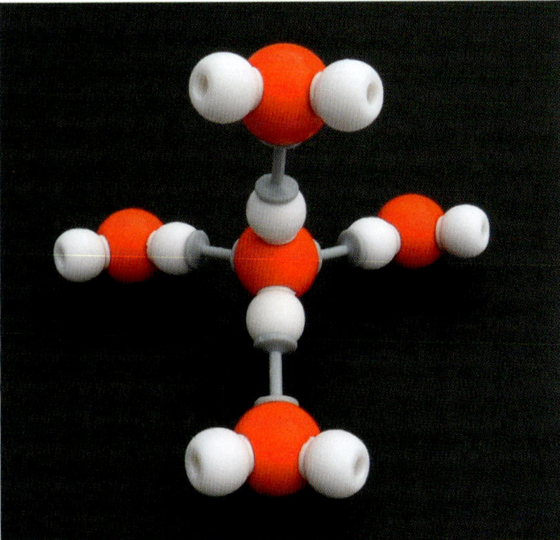

89 Bei Temperaturen unter 0 °C bilden sich über Wasserstoffbrücken (grau dargestellt) tetraederartige Cluster von Wassermolekülen.

des Sonnensystems. Ob es zur Bildung komplexer Kohlenwasserstoffe und damit zu Lebensformen ähnlich den uns bekannten kommen kann, ist fraglich.

Oft finden sich Wassermoleküle spontan zu tetraederförmigen Clustern zusammen. Oberhalb von 0 °C lösen sie sich aufgrund der Eigenbewegung der Moleküle rasch wieder auf. Bei Temperaturen unter 0 °C sind sie relativ stabil und verleihen dem Wasser einen Zustand zwischen fest und flüssig. Oberhalb von 100 °C tritt Wasser bei Normaldruck in den gasförmigen Zustand über. Dann ist die Dichte der Moleküle so gering und

Lebenswichtige Wasserstoffbrücken

Wasserstoffbrücken sind auch verantwortlich für die Verbindung von Nukleinbasen in der Erbsubstanz DNS, und zwar zwischen Adenin und Thymin sowie zwischen Guanin und Cytosin. Der flexible Wechsel zwischen Bindung und Lösung ist entscheidend für zahlreiche Lebensvorgänge, für die Zellteilung, für die Vererbung und für die ständige Produktion lebenswichtiger Substanzen.

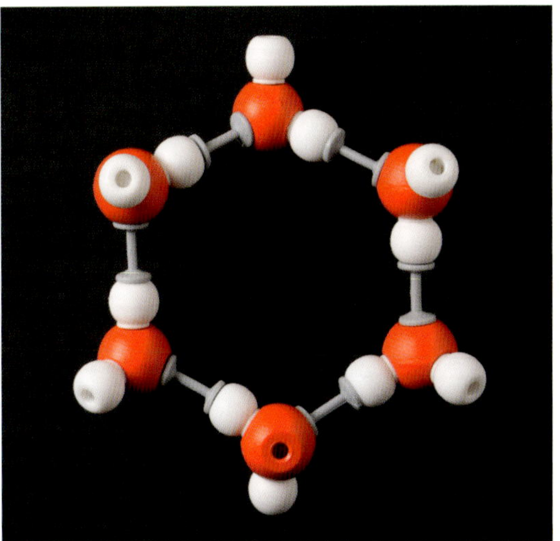

90 Beim Gefrieren bilden sich über die Wasserstoffbrücken Sechserringe. Sie ordnen sich so, dass jeweils ein Wasserstoffatom eines Moleküls dem Sauerstoffatom eines anderen Moleküls benachbart ist.

92 Beginnender Schneekristall im Molekülmodell. Insgesamt bilden die dargestellten Moleküle einen flachen Körper, der schon die sechszählige Symmetrie erkennen lässt, die sich bis in die makroskopische Größenordnung des sichtbaren Schneekristalls fortsetzt.

ihre kinetische Energie so groß, dass die Wasserstoffbrücken ihre Wirksamkeit verlieren.

Eispartikel beginnen sich unterhalb von 0 °C dadurch zu bilden, dass sich Wassermoleküle an ein Staubteilchen oder ein anderes Aerosol heften. Die Anhaftung wird durch den Dipolcharakter des Wassers unterstützt. Wenn weitere Wassermoleküle in die Nähe geraten und ihre kinetische Energie nicht zu hoch ist (es also kalt genug ist), heften sie sich über die Wasserstoffbrücken aneinander. Dabei bildet jedes Wassermolekül den Mittelpunkt eines Tetraeders, an dessen Ecken sich weitere Wassermoleküle befinden. Im Weiteren schließen sich je sechs Wassermoleküle zu einem Ring zusammen. Letztendlich ist jedes Molekül Teil von mehreren Sechserringen. Stets ist ein Wasserstoffatom eines Moleküls mit dem Sauerstoffatom eines benachbarten Moleküls nebenvalent verbunden.

Folgt man diesem Prinzip, so lässt sich im Modell einiger Dutzend Moleküle die sechszählige Symmetrie darstellen, die wir von den Schneesternen im makroskopischen Bereich kennen. Ein Schneekristall mit einem Millimeter Durchmesser enthält bereits 100 Trillionen Wassermoleküle.[11]

5 Die phantastischen Formen der Schneesterne

»Perfekte Schönheit
göttliche Architektur
einer Schneeflocke«
Denis Thériault[12]

Im 19. Jahrhundert staunte der amerikanische Schriftsteller Henry David Thoreau:

»Wie angefüllt mit kreativem Genie ist die Luft, die das erzeugt! Ich würde es kaum mehr bewundern, wenn echte Sterne fielen und an meinem Mantel hängen blieben«.[13]

Johannes Kepler ist vor allem durch die drei Gesetze berühmt geworden, mit denen er die Planetenbahnen beschrieb. Kurz nach deren Veröffentlichung erschien 1611 seine Schrift »Vom sechseckigen Schnee«, in der er sich mit der Form von Schneekristallen befasste, die erste wissenschaftliche Arbeit zu diesem Thema. Das gelang ihm trotz seiner Sehschwäche, die ihn z. B. daran hinderte, eigene astronomische Beobachtungen zu machen. Er stellte fest, dass Schneekristalle eine sechszählige Symmetrie besitzen, d. h., dass ihre Form bei einer Drehung von 60° mit sich selbst zur Deckung kommt. Trotz dieses Gleichmaßes, so bemerkte er erstaunt, gleiche kein Schneekristall dem anderen. Er nahm natürliche Kräfte an, die die Formen

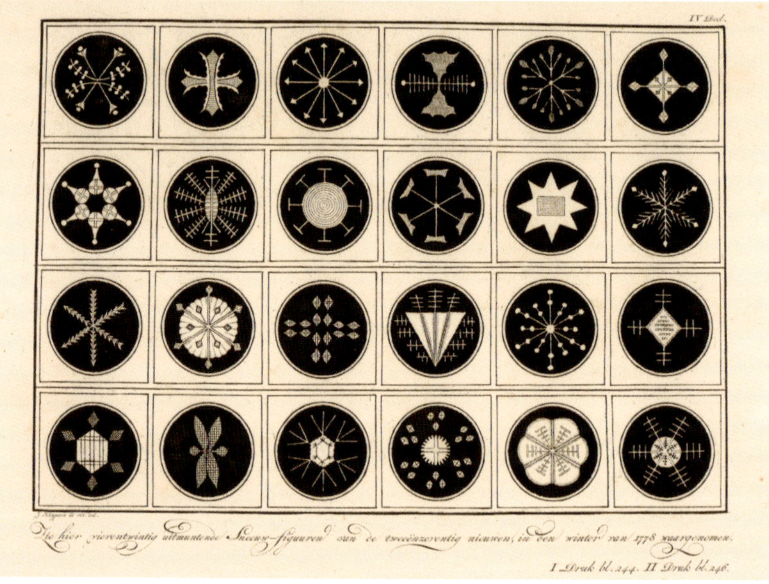

93 Auf dem holländischen Stich von 1778 sind unterschiedlichste Formen von Schneekristallen wiedergegeben. Bei der Darstellung hat wohl auch die Phantasie ein wenig mitgespielt.

94 Frisch gefallener Schnee unter der Lupe.

95 Am 27. August, mit 36 °C einem der heißesten Tage von 2016, braut sich über Münster am Nachmittag ein Gewitter zusammen.

in ihrer Unterschiedlichkeit und zugleich perfekten Geometrie hervorriefen, sah sich aber außerstande, sie näher zu erklären.

Der amerikanische Farmer Wilson Alwyn Bentley wurde bekannt durch die Fotos von mehreren tausend Schneekristallen, die er ab 1885 mit seiner Plattenkamera machte.[14] Auch er behauptete, dass es keine zwei völlig formgleichen Schneekristalle gäbe. 1988 veröffentlichte die Schneeforscherin Nancy Knight Fotos, die diese Behauptung am Beispiel zweier identischer Schneekristalle widerlegte. Wir werden darauf an eigenen Beispielen zurückkommen.

Gehen wir der Frage nach, wie Schneekristalle zustande kommen. Aus Erkenntnissen der Physik und der Meteorologie ergibt sich heute ein Einblick in Zusammenhänge, über den Johannes Kepler sich gewiss gefreut hätte.

Schneekristalle in ihrer typischen sechszähligen Symmetrie entstehen nicht dadurch, dass Wassertröpfchen gefrieren, wie man vielleicht meint. Wenn das geschieht, entstehen vielmehr Griesel, Graupel oder Hagel, je nach Größenordnung der verbackenen Eiskörner. Die gefrorenen Wassertropfen können in der Wolke zuvor auch Schneesterne gewesen sein, die getaut sind. In großen Wolken ist im Auf und Ab zwischen verschiedenen Temperaturzonen ein ständiger Wechsel möglich.

Als Griesel bezeichnet man gefrorene Körner in einer Größe von unter 1 mm. Er fällt vor allem aus Schichtwolken. Graupel, der vor allem bei trockener Polarluft entsteht, hat eine Korngröße von 1 bis 5 mm. Größere Körner bezeichnet man als Hagel.

96 Das Gewitter ist mit starkem Hagelschlag verbunden. Dabei fällt auch dieses bizarre Hagelkorn von ca. 4 cm Größe.

Er entsteht vor allem in sehr feuchten Gewitterwolken. Schnee fällt mit einer Geschwindigkeit von ca. 4 km/h, also etwa mit der Geschwindigkeit eines Fußgängers. Dagegen können große Hagelkörner mit Fallgeschwindigkeiten von über 120 km/h recht gefährlich werden.[15]

Die Hagelkörner, die am 12. Juli 1984 bei einem schweren Unwetter in München niedergingen und zahllose Autos und Dächer demolierten, waren teilweise so groß wie Tennisbälle und erreichten eine Fallgeschwindigkeit von 140 km/h. 1970 wurde in den USA ein Hagelkorn von der Größe einer Grapefruit gefunden. Solche Riesenkörner können sich bilden, wenn in großen Gewitterwolken Aufwinde von über 200 km/h Geschwindigkeit Eispartikel immer wieder in die Höhe treiben und sie zu immer größeren Gebilden verbacken, bevor sie zur Erde stürzen.

97 Graupel und Griesel bestehen wie Hagel aus Aggregaten gefrorener Wasserkörner. Einzelne Wasserkörner können die Form von Ikosaedern annehmen, von regelmäßigen Körpern mit 20 Dreiecken.

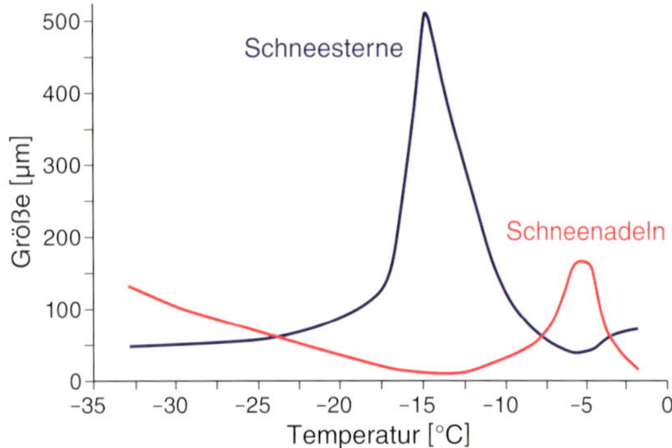

98 Bei der Bildung kleiner Eisprismen in der Wolke ist besonders die Temperatur maßgeblich: Bei −5 °C wachsen sie vor allem in Richtung der Symmetrieachse und bilden Eisnadeln. Bei −15 °C ist die Hauptwachstumsrichtung quer dazu: es entwickeln sich bevorzugt Eisplättchen und Dendriten.[16]

Schneekristalle entstehen dadurch, dass Wasserdampf resublimiert, das heißt, dass Wasser in Gasform direkt in die feste Phase übergeht. Dazu bedarf es bei Temperaturen von 0 bis −48 °C eines Kristallisationskerns. In der Literatur über Schneekristalle taucht gelegentlich die Vorstellung auf, dass besonders reines Wasser zu besonders reinen Kristallen gefriert[17], aber das kann nur bei Temperaturen unter −48 °C geschehen. Ohne Kristallisationskern, ein Staubpartikel oder ein anderes Aerosol in einer Größenordnung um 60 Nanometer würde sich ein Eiskristall unter gewöhnlichen Umständen gar nicht bilden. Da solche Eiskeime meistens reichlich in der Atmosphäre vorhanden sind, ist die Eisbildung in den Wolken bei unter 0 °C der Normalfall. Die oberen Bereiche von großen Wolken und Wolken in über 10 km Höhe bestehen hauptsächlich aus Eiskristallen. Sie reflektieren und streuen das Licht besonders stark und erscheinen daher strahlend hell.

Zwei Faktoren sind für die weitere Entwicklung des Eiskristalls verantwortlich: die Temperatur und der Grad der relativen Luftfeuchtigkeit. Bei kleinen Eiskristallen entscheidet vor allem die Temperatur darüber, ob sich der hexagonale Eiskeim in die Breite zu einem Eisplättchen oder in die Länge zu einer Eisnadel entwickelt. Bei größeren Eiskristallen macht sich vor allem ein Diffusionsprozess bemerkbar: Das Kristallwachstum wird vor allem an Teilen begünstigt, die mit Spitzen und Ecken in die übersättigte Umgebung hineinragen. Das führt zur Förderung von dendritischen Strukturen. Gelegentlich werden bei diesem Prozess zugunsten von Ecken, Kanten und Spitzen

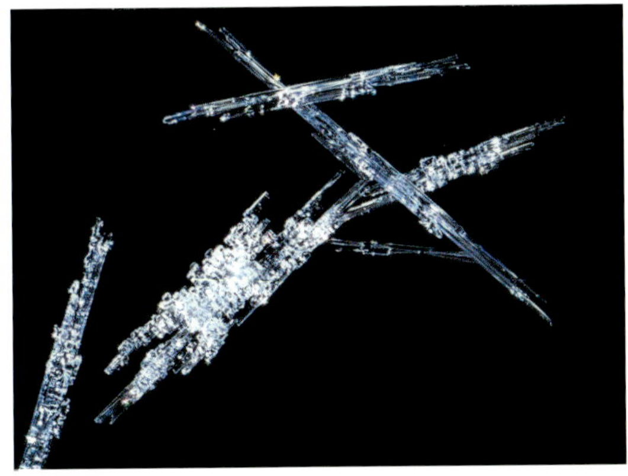

99 Eisnadeln wachsen besonders bei Temperaturen um −5 °C. In einem Schneesturm mit solchen Nadeln wird die Haut unangenehm gereizt.

100 Viele Eisnadeln haben an beiden Enden eine Doppelspitze.

101 Schneesterne beginnen als sechseckige Plättchen, vorzugsweise bei −15 °C.

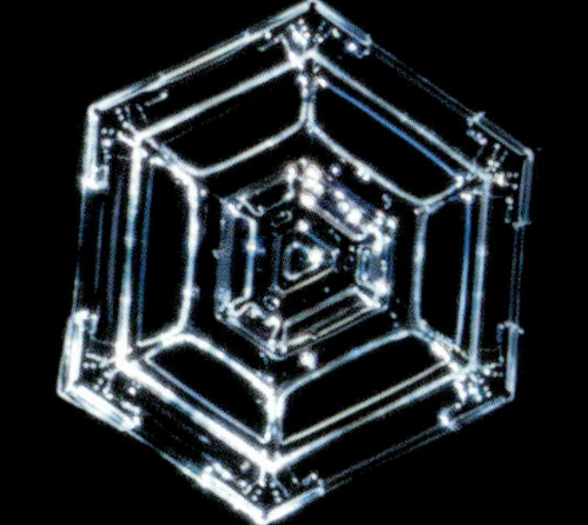

102 Auch bei sehr tiefen Temperaturen bilden sich bevorzugt Eisnadeln (»Polarschnee«). Hier auf der Außenseite eines Flugzeugfensters in 11 000 m Höhe bei −56 °C.

103 Bemerkenswert: ein sechseckiger Ring. Ursprünglich war es ein sechseckiges Plättchen, das durch Verlagerung von Molekülen aus der Mitte in Lücken am Rand zum »Hopper-Kristall« wurde.

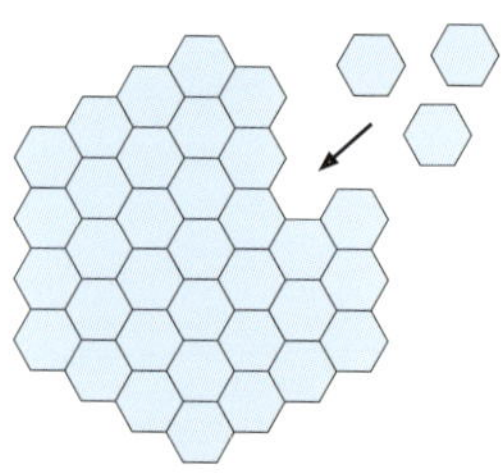

104 Bausteine von Kristallen fügen sich nach dem Raumerfüllungspostulat von Goldschmidt und Laves zusammen: aufgrund ihrer Wechselwirkungen bevorzugen sie Stellen mit möglichst vielen Nachbarn und sind möglichst dicht gepackt. Diese energetisch günstigste Anordnung führt zu hochgradiger Symmetrie des Kristalls.

Moleküle aus der glatten Mitte »geraubt«. Das kann z. B. dazu führen, dass hohle Säulen und Platten entstehen (»Hopper-Kristalle«).[18]

Glatte Kristallebenen entsprechen Gitterebenen, die durch starke Bindungskräfte zwischen den Atomen bzw. Molekülen gebildet werden. Dabei nehmen die Teilchen die energetisch günstigsten Anordnungen ein. Diese sind im Allgemeinen hochgradig geordnet.

In der Wolke unterliegen Schneekristalle mancherlei Metamorphosen. Sie sind einem ständigen Wechsel von Temperatur und Luftfeuchtigkeit ausgeliefert. Teils sind die Bedingungen so, dass die herausragenden Spitzen an Länge zunehmen, dann wieder sind sie so, dass die von Winkeln eingeschlossenen Leerräume ausgefüllt werden. Das Schicksal jedes Schneekristalls ist anders und führt zu anderen Strukturen. Von daher ist nicht zu erwarten, dass es zwei größere Schneekristalle von gleichem Aussehen gibt. Gleichzeitig erklärt sich damit, warum *innerhalb* jedes Schneekristalls hexagonale Symmetrie besteht, also alle sechs Arme den gleichen Aufbau haben: der Schneekristall ist als Ganzes dem gleichen Wechsel der Bedingungen unterworfen und entwickelt daher an jedem seiner sechs Arme im Wesentlichen die gleichen Formen. Die kleinen Unterschiede zwischen den Armen gehen auf kleinräumige Unterschiede in den Bedingungen zurück, teils auch auf Kollisionen zwischen Schneekristallen.

106 Zu den unglaublichsten Kristallphänomenen gehören diese zwei »Zauberhüte«: spitzhütige Formen mit breiter Krempe.

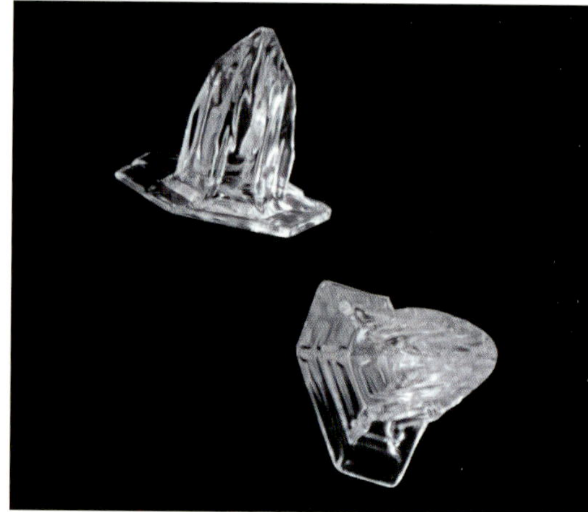

107 Zur Verdeutlichung sind hier die beiden Hüte hervorgehoben.

105 Was als feiner Pulverschnee niedergeht, entpuppt sich als Sammlung von sechskantigen Prismen, Plättchen und anderen Kristallformen. Darunter sind wiederholt Gebilde, die an Bleistiftstummel erinnern. Gelegentlich bilden sie Formen wie Sanduhren.

108 Kleiner Schneestern.

109 Jeder Schneekristall eine Preziose. Das Wachstum erfolgt hauptsächlich in der Fläche. In der dritten Dimension erkennt man feine Schichtungen.

110 Mit einigen wenigen Regeln schafft die Natur eine große Formenvielfalt.

111 Kristalle mit Dendritenstruktur wachsen am besten bei −15 °C.

112 Diese kleinen Kristalle mit einem Durchmesser von 2–3 mm fielen bei einer Temperatur von −23 °C. Manchen schaut man auf die Kante und erhält so eine Vorstellung von der Dicke der Schneesterne. Man sieht auch, dass das Zentrum z. T. durch aufliegende Schichten verstärkt ist, oft in Form von Sechsecken.

113 Bei der Bildung dendritischer Strukturen kommt es auch bei hoher Dichte selten dazu, dass sich die Verzweigungen eines Kristalls berühren. Das Wachstum geschieht stets in Freiräume hinein.

114 Wo sich Dendriten zu überschneiden scheinen, liegen sie in verschiedenen Ebenen. Das ist auf dem Stereobild gut zu erkennen.

115 Zum Vergleich: Dendriten, wie sie oft auf Solnhofener Plattenkalk zu finden sind. Sie bildeten sich in Gesteinsspalten als Ausfällungen übersättigter Lösungen von Mangan- und Eisenoxiden ähnlich, wie Schneekristalle sich in übersättigtem Wasserdampf entwickeln.

116 Im Temperaturbereich von −15 °C wachsen die größten Schneesterne. Diese beiden über 10 mm großen Kristalle wurden bei −16 °C aufgenommen.

118 In seltenen Fällen ist ein Schneekristall statt in sechs- in dreizähliger Symmetrie aufgebaut.

117 Prachtexemplar eines dendritischen Sterns. Die scheinbaren Berührungen liegen in unterschiedlichen Ebenen, wie man an der 3D-Aufnahme erkennt.

120 Oft sammeln die Schneesterne flüssige Tropfen ein, die dann auf den Dendriten gefrieren. Der Schneekristall »vergraupelt«.

119 Die Unterschiedlichkeit der Sterne ist ein Hinweis darauf, wie unterschiedlich die Abfolge der Bedingungen ihrer Entstehung war.

121 Die Tropfen bilden eigene Kristalle oft in Form von Polyedern. Sie können einen Schneestern so weitgehend überziehen, dass man ihn kaum noch erkennt.

122 Gelegentlich wachsen aus der Ebene des Schneesterns Dendriten in die dritte Dimension. Das lassen zweidimensionale Bilder kaum erkennen.

123 Solche Extradendriten können vereinzelt auftreten, aber auch ein ganzes Gestrüpp bilden.

124 Nicht selten treten gefrorene Tropfen und Extradendriten gemeinsam auf Schneesternen auf.

125 Ungewöhnlich: Dieser vergraupelte Stern streckt sechs Extraarme in die dritte Dimension auf den Betrachter zu. Das ist nur auf dem Stereofoto zu erkennen.

126 Die Glasfläche, auf der sich ein großer Schneestern niedergelassen hat, war nicht völlig trocken. Innerhalb weniger Minuten bildeten sich auf der Fläche sechsseitige Prismen. Zum Teil handelt es sich um Hopper-Kristalle, deren Inneres hohl ist.

127 Der Aufbau dieser komplexen Gebilde enthüllt sich erst bei Betrachtung der 3D-Aufnahme.

128 Welch verschwenderische Pracht, die Winter für Winter vom Himmel fällt!

129 Ein Zwölfender. Für gewöhnlich haben Schneesterne sechs Arme. Zwölf sind möglich dadurch, dass zwei hexagonale Plättchen in der Frühphase aneinander hafteten und sich wie Zwillinge mit gleichem Bedingungsschicksal entwickelt haben, sodass alle zwölf Arme die gleiche Struktur haben.

130 Zum Schicksal vieler dendritischer Schneekristalle gehört, dass sie sich verhaken und als mehr oder minder große Schneeflocken fallen. Der Ausdruck »Schneeflocke« ist streng genommen solchen Aggregaten vorbehalten. Landläufig werden unter Schneeflocken auch einzelne Kristalle verstanden.

131 Vergängliche Rarität: zwei Zwölfender in einer Schneeflocke.

132 Es gibt sie doch, zwei gleiche Schneekristalle! Sie können zu gleicher Form wachsen, wenn sie sich von Anfang an unmittelbar benachbart entwickelt haben und zusammen geblieben sind. Hier ein Beispiel für zwei Schneekristalle, die nahezu identisch sind, obwohl ihre Achsen weit auseinander liegen.

133 Weitere Beispiele für strukturgleiche Paare von Schneesternen, die offenbar gemeinsam durch die Wolken getanzt sind. Sie sind im gleichen Grade gleich, wie sich die sechs Arme eines Schneesterns untereinander gleichen.

Ein Produkt aus Natur und Technik: künstlicher Schnee

Auf vielen Pisten wird bei Schneemangel mit »technischem Schnee« ausgeholfen. Schneelanzen und -kanonen liefern inzwischen in vielen Gebieten mehr als die Hälfte des Pistenschnees. Technischer Schnee ist dem Graupel ähnlicher als den Schneekristallen. Die Maschinen versprühen Wassertröpfchen, die an der Luft gefrieren und so eine Schicht aus Eispartikeln erzeugen. Der Eindruck vieler Skifahrer, dass dieser Schnee härter ist als der natürliche, entspricht durchaus den Tatsachen.[19]

134 Schneekanonen versprühen unter hohem Druck Wassertröpfchen. Durch den plötzlichen Druckabfall gefrieren sie.

135 Nach kurzer Wartezeit fahren Schneefahrzeuge über die Fläche und bearbeiten sie.

136 Sie führen eine Fräse mit sich, die die hartgewordene Oberfläche zerkleinert. Mit der angehängten Schleppe wird die Oberfläche des Kunstschnees geharkt.

137 Unmittelbar nach ihrer Erzeugung sind die versprühten Partikel erst teilweise gefroren. Der Kunstschnee fühlt sich zunächst seifig an.

138 Bei Frost verbacken und gefrieren die Partikel bald nach dem Aufbringen zu einer Masse, die hart wie Gletschereis ist.

139 Die Partikel der zerkleinerten Eisfläche formieren sich neu. Der nunmehr »reife« Kunstschnee besteht hauptsächlich aus sechskantigen Prismen, aber nicht aus Schneesternen mit Dendriten. Deshalb ist er härter.

140 In der finnischen Stadt Kemi entsteht Jahr für Jahr neu die weltgrößte Schneeburg. Wer will, kann darin bei −8 °C übernachten.

141 26 000 m³ Schnee wird für die Burg in großen Blöcken künstlich hergestellt. Er hat eine für den Bau optimierte Konsistenz.

142 Im Park von Kemi sind Monolithe aus künstlichem Schnee aufgestellt, an denen sich Jedermann als Bildhauer für ein vergängliches Werk versuchen kann.

Wenn es sich bei frisch gefallenem Schnee um Pulverschnee aus Kristallen ohne Dendriten handelt, ist der Zusammenhalt gering. Das weiß Jeder, der einmal versucht hat, daraus einen Schneemann zu bauen. Wenn sich dagegen eine Decke aus Schneesternen bildet, bilden die Schneekristalle zunächst ein lockeres Gewirr aus verhakten Dendriten, die zunehmend miteinander verwachsen. Der Schnee »sintert« und bildet ein fraktales Gebilde aus vernetzten Eiskristallen, aus dem sich Schneebälle und Schneemänner formen lassen.

143 Frische Schneedecke aus kleinen Schneeplättchen bei −23 °C. Die Kristalle haben keine Dendriten, der Zusammenhalt ist gering.

144 Dieser Schnee, der bei geringen Minusgraden gefallen ist, besteht hauptsächlich aus Graupel und Nadeln. Der nahe Taupunkt lässt die Kristalle zusammenwachsen.

Lawinen

Dort, wo der Schnee saisonal fällt, etwa in den Skigebieten der Alpen, sind Lawinen eine allbekannte Gefahr. Vormals stellte man sich Lawinen als Kugeln vor, die talabwärts rollen und dabei immer größer werden. Dieses Bild entspricht aber nicht den Tatsachen. Stattdessen lösen sich plötzlich Schneedecken an Steilhängen, und tausende von Tonnen Schnee gleiten donnernd zu Tal, alles mitreißend, was sich ihnen in den Weg stellt, während Wolken von Schnee emporwirbeln. Mitverantwortlich hierfür ist, dass sich die Kristallstruktur der Schneedecken verändert.

145 Lawine.[20]

Schneedecken bestehen oft aus mehreren Schichten mit unterschiedlichen Eigenschaften. Solche Unterschiede können die Lawinengefahr erhöhen, z. B. dann, wenn eine Schneekruste mit Oberflächenreif bewachsen ist und dann einschneit. Weitere Gefährdungen entstehen durch Umkristallisation im Innern der Schneeschichten. Am Boden einer Schneedecke herrscht ziemlich konstant eine Temperatur von 0 °C. An der Oberfläche ist es kälter. Dieser Wärmegradient lässt Wasserdampf durch das poröse Material aufsteigen. Die im Wege liegenden Eiskristalle wachsen nach unten und verdampfen auf ihrer Oberseite. Dabei wird ihre Struktur umorganisiert. Die verschmolzenen und verhakten Dendriten, die die Schneedecke zusammenhalten, lösen sich auf. Stattdessen formieren sich »Becherkristalle«, die einen wesentlich geringeren Zusammenhalt haben. In der Schneedecke bildet sich eine »Schwachschicht«, und eine kleine Erschütterung reicht aus, um eine Lawine auszulösen, wenn der Hang mehr als 30° steil ist. Durch die Reibung während der Bewegung verlieren die Kristalle ihre Spitzen, sie werden zu runden Körnern, was die Bewegung der Lawine noch beschleunigt.[21]

146 Innerhalb einer Schneedecke können sich mit der Zeit »Becherkristalle« bilden. Da deren Zusammenhalt gering ist, kann sich an Steilhängen eine solche Schneedecke lösen und als Lawine abgehen.[22]

147 Schneedecke aus dendritischen Kristallen und Graupelkörnern. Die Partikel sind angeschmolzen und verbinden sich zu einem dreidimensionalen luftigen Netz.

148 In einer zwei Wochen alten Schicht 50 cm unter der Schneeoberfläche sind die Kristalle zu anderen, gröberen Formen umkristallisiert.

6 Von Gletschern und Eisbergen

Gletscher – Flüsse aus Eis

Wenn über Jahrhunderte und Jahrtausende Schnee fällt und ein Großteil davon weder taut noch sublimiert, dann verdichtet sich der anfangs lockere Schnee durch den Druck der aufliegenden Schichten. Die Schneekristalle verbacken nicht sofort zu einer dichten Eismasse, weil ihre Dendriten beim Verharschen zusammenwachsen und dabei viel Luft eingeschlossen wird. Nach etwa einem Jahr ist der Schnee zu »Firn« mit einer graupelartigen Körnigkeit geworden. Dabei hat sich die Mächtigkeit der Neuschneedecke auf ein Achtel verringert. Bei weiterer Verdichtung wird die Masse zu Eis. Eis ist oft weiß, und zwar dadurch, dass es zahlreiche Luftbläschen enthält. Durch die Akkumulation werden sie herausgepresst, das Eis wird dichter, fast so hart wie Glas und blau wie tiefes klares Wasser. Während Neuschnee zu 90 % des Volumens aus Luft besteht, sinkt der Anteil bis auf 2 % bei Gletschereis.

Eis gilt als eigenständiges Mineral. Es ist, wie die Formel H_2O schon sagt, ein Oxid: Dihydrogenmonoxid.

Wenn die Dichte von Schnee 0,6 g/cm^2 erreicht (Firnschnee), können Gletscher entstehen. Gletscher sind aus Schnee hervorgegangene Eismassen, die sich bewegen. Unter dem Druck nachfolgenden Eises fließen sie wie eine plastische Masse. Sie bilden zusammen mit den Polkappen die größten Süßwasserspeicher der Erde. In den Eiszeiten des Pleistozän haben Gletscher große U-förmige Täler geformt, Gebirge geschleift und die Oberfläche von Kontinenten geformt. Die großen Seen Nordamerikas sind Reste ehemaliger Gletscher; sie bilden Dellen in der Kontinentalplatte, die seit der Entlastung vom Druck des einstmals aufliegenden Eises immer noch im Begriff sind, aufzusteigen und am Ende des Ausgleichprozesses verschwunden sein werden. Gletschereis wirkt als Transportmedium für Felsen und Steine, die darin wie in einer Steinmühle zu Findlingen, Geröll und Sand zerrieben wurden und werden. Die gesamte norddeutsche Tiefebene ist von der Wirksamkeit der Gletscher geprägt, die im Quartär von Norden her eindrangen, das Land schleiften und Sedimente der End- und Grundmoränen hinterließen.

149 Dome-Gletscher im Jasper-Nationalpark, Kanada.

150 Auf dem Athabasca-Gletscher im Jasper-Nationalpark, Kanada. Es ist später September, man sieht Schmelzwasser an der Oberfläche. In Kürze wird es schneien, und der Gletscher bekommt Nachschub. Doch seit vielen Jahren reicht der nicht aus, um das Abschmelzen ganz auszugleichen.

151 Typisch für die Wirkung von Gletschern sind U-förmige Täler wie hier in den Rocky Mountains. Wie überdimensionierte Schleifklötze mit gigantischer Korngröße haben die Gletscher auf ihrer Wanderung Steine und Felsen mitgeschleppt, die den Untergrund aushobelten. Nach dem Abtauen sind ganze Bergzüge, die Moränen, zurück geblieben.

Das Grönlandeis von über drei Kilometern Mächtigkeit hat über das ganze Inselinnere hinweg eine gewaltige Senke eingedrückt, deren Boden z. T. unter dem Meeresspiegel liegt. Wenn das Eis abschmilzt, wird Grönland ein Ringgebirge sein, und sein Inneres wird viele tausend Jahre brauchen, sich wieder

152 Am Rande von Grönlands Eisschild schmilzt das Eis in den letzten Jahren zunehmend rascher. Dadurch werden auch Eisschichten freigelegt, die ehedem unter starkem Druck lagen und daher von hoher Dichte sind. Hier ein Blick auf solches Eis, das so transparent ist, dass man in die dunkle Tiefe blicken kann. An seinen mächtigsten Stellen ist das grönländische Inlandeis über drei Kilometer dick.

153 Flug über Grönland von Osten her.
An der Küste ragen schroffe Berge aus dem Polarmeer.
Landeinwärts ragen Felsspitzen aus einem Meer von Schnee und Eis, bis sie ganz unter dem Eisschild verschwinden.

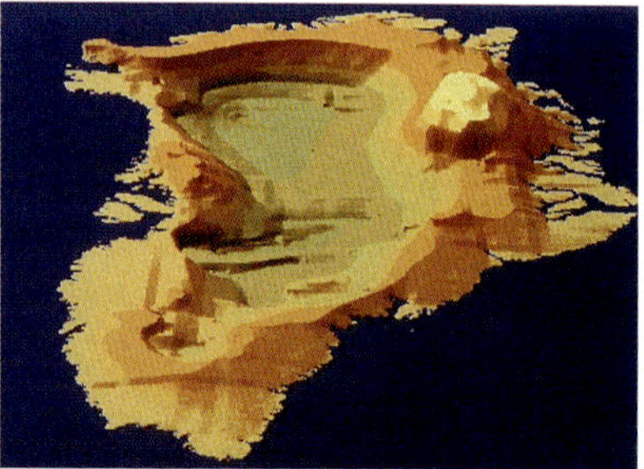

154 In einer Aufnahme mit Radar, dessen langwellige Strahlung durch das Eis bis auf den Boden dringt, ist das gegenwärtige geologische Relief von Grönland, der größten Insel der Erde, zu erkennen. Im Westen ist der Kangia-Fjord markiert, der gegenwärtig die ergiebigste Quelle für Eisberge der Nordhalbkugel darstellt.

155 Der Wind treibt Schneefahnen über den Eisschild.

156 Das Spiegelbild der Sonne auf dem Eisschild Grönlands schimmert durch die Wolkendecke. Blick vom Flugzeug aus.

157 Blick vom Flugzeug auf einen Grönlandgletscher im westlichen Randbereich des Eisschildes. Das sichtbare Gebiet umfasst einige zig Quadratkilometer. Eindrucksvoll ist das Muster aus großen Gletscherspalten. Spalten quer zur Fließrichtung entstehen, wenn sich die Fließgeschwindigkeit durch zunehmendes Gefälle erhöht. Spalten längs zur Fließrichtung entstehen, wenn sich der Raum für den Eisfluss verbreitert. Solche Gletscherspalten sind gefürchtet, da sie oft unter Schneewehen verborgen sind und schon für viele Menschen zur Todesfalle wurden.

158 10 Meter hohe Eiswand am Rande des Eisschildes von Grönland.

159 Bizarre Eisformationen am Rande des grönländischen Eisschildes.

160 Bis zum Horizont und tausend Kilometer darüber hinaus pure Eisfläche.

161 Eiszapfen bilden sich, wenn Tauen und Gefrieren auf der Sonnen- bzw. Schattenseite gleichzeitig stattfinden.

162 Wenn im Winter die Regenrinnen zuschneien, können sich auch in unseren Breiten Vorhänge aus Eiszapfen bilden.

163 Gelegentlich lösen sich die spitzen Zapfen von der Dachkante. Armdicke, kiloschwere Exemplare können beim Herabfallen zu gefährlichen Dolchen werden.

164 Vereiste Rhododendronknospe.

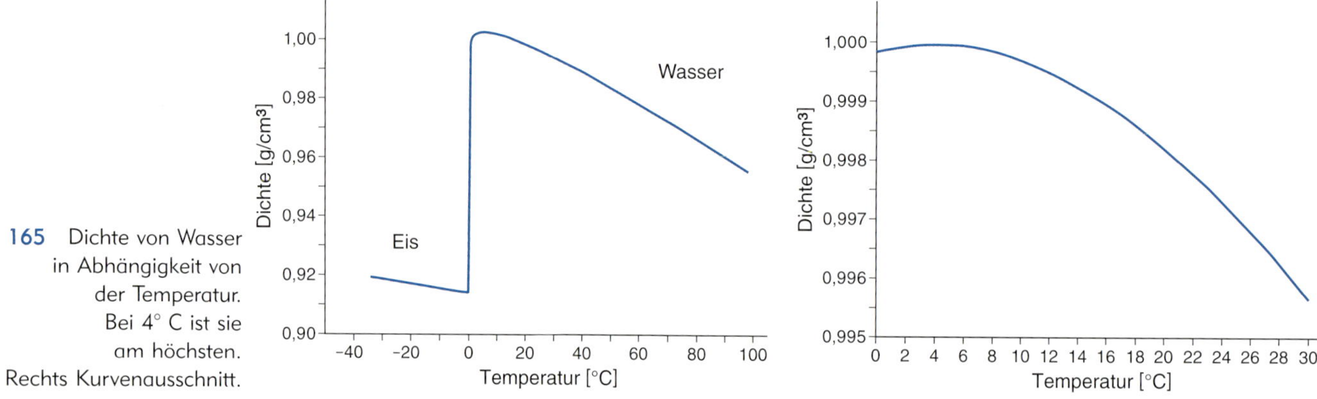

165 Dichte von Wasser in Abhängigkeit von der Temperatur. Bei 4° C ist sie am höchsten. Rechts Kurvenausschnitt.

auf das Normalniveau einer Kontinentalplatte zu heben. Nach Untersuchungen des Alfred-Wegener-Instituts verliert Grönland derzeit die Rekordmenge von 500 Kubikkilometern Eis jährlich.[23]

Der Eisschild Grönlands ist in West-Ost-Richtung 1100 km breit, in Nord-Süd-Richtung 2500 km lang. Er bedeckt 1,7 Millionen Quadratkilometer. Der bis über 3 km dicke Schild enthält 2,9 Millionen Kubikkilometer Eis. Würde er vollständig schmelzen, würde der Meeresspiegel weltweit um sieben Meter ansteigen. Sein Rand geht an vielen Stellen in Gletscher über, die ihre Eisfracht als Eisberge ins Meer entlassen.

Im Regelfall nimmt die Dichte von Stoffen bei Abkühlung vom gasförmigen über den flüssigen bis zum festen Aggregatzustand

Wasser und Eis als Sprengstoff

Eine wirkungsvolle Konsequenz der Dichteanomalie ist, dass Wasser in Gestein einsickern und es bei Frost sprengen kann. Die Wasserstoffbrücken zwischen den H_2O-Molekülen beweisen in der Summe eine erstaunliche Kraft, so schwach sie im Einzelnen sein mag. Sie führt nicht nur in jedem Winter zu neuen Schlaglöchern auf den Straßen. Sie führt dazu, dass Felsen bersten und so die Erosion beschleunigt wird. Zahllose Findlinge und Kiesel haben ihre Geschichte damit begonnen, dass durch Frostbruch Felsen von Bergen abgesprengt und anschließend in der Walkmühle von Gletschern rundgeschliffen wurden.

Vor der Erfindung des Dynamits haben Steinhauer im Winter oft Spalten und Bohrlöcher in Felsgestein mit Wasser gefüllt und die Sprengkraft des Eises genutzt, um Steinblöcke zu gewinnen. Im alten Ägypten bohrte man Löcher in den Fels, schlug trockene Holzkeile hinein und übergoss sie mit Wasser. Das Holz quoll auf und sprengte die Felsblöcke ab. Bei dieser Technik wird der Kapillareffekt des Wassers in den Fasern des Holzes wirksam.

166 Felsabbruch an der Grenze des Inlandeises auf Grönland. Im Wechsel von Frost und Tauwetter dringt Wasser in feine Felsspalten ein und sprengt große und kleine Stücke ab. Alle Findlinge und Kiesel haben bei solchen natürlichen Steinbrüchen ihren Anfang genommen.

167 Russel-Gletscher bei Kangerlussaq, Westgrönland.

169 Lebensbedrohlichen Eisschlag gibt es nicht nur an Gletschern. Wenn sich am 457 m hohen CN Tower in Toronto, Kanada, Eis bildet, wird es unten gefährlich. Hier Krater, die von kiloschweren Eisbrocken, die herabfielen, in den Boden geschlagen wurden.

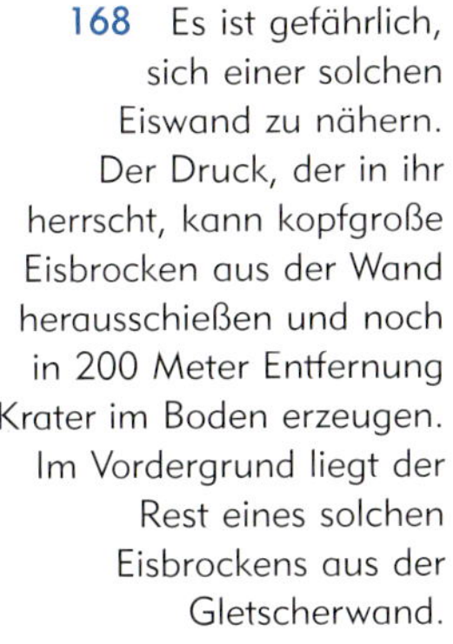

168 Es ist gefährlich, sich einer solchen Eiswand zu nähern. Der Druck, der in ihr herrscht, kann kopfgroße Eisbrocken aus der Wand herausschießen und noch in 200 Meter Entfernung Krater im Boden erzeugen. Im Vordergrund liegt der Rest eines solchen Eisbrockens aus der Gletscherwand.

immer weiter zu. Die Moleküle sind bei kristalliner Anordnung am dichtesten gepackt, und damit ist das spezifische Gewicht der Substanz am höchsten. Das Wasser bildet eine Ausnahme. In gefrorenem Zustand hat es eine geringere Dichte als im flüssigen. Das liegt daran, dass bei hinreichender kinetischer Energie (Temperatur) die Wassermoleküle einander recht nahe kommen können, ohne sich fest aneinander zu binden, während der wohlgeordnete Zustand eines Eiskristalls recht weitmaschig ist. Die Dichteanomalie hat zur Folge, dass Eis schwimmt.

Eisberge – weiße Riesen des Polarmeeres

Eisberge entstehen an der Abbruchkante von Gletschern, die ins Meer gleiten. Die Gletscher »kalben« mit lautem Knallen, das als Donner kilometerweit zu hören ist. Im Prinzip entspricht das Geräusch dem Knacken, das man beim Zerbrechen eines Eiszapfens erzeugt, vieltausendfach verstärkt. Bootsleute vermeiden, der Abbruchkante zu nahe zu kommen, weil sich erhebliche Wellen bilden können.

Die meisten Eisberge auf der Nordhalbkugel der Erde stammen von grönländischen Gletschern. Auf der Südhalbkugel handelt es sich meistens um Bruchstücke von Schelfeis. Einer der größten Eisberge wurde 1987 bei der Antarktis vermessen. Es war ein Tafeleisberg von 153 km Länge und 36 km Breite.

Den ergiebigsten Strom von Eisbergen auf der Nordhalbkugel der Erde produziert der Kangia-Fjord im Westen Grönlands 200 km nördlich des Polarkreises. Der Fjord ist 40 km lang und 7 km breit. Der Eisstrom kommt vom Gletscher Sermeq Kujalleq und durchfließt den Fjord mit einer Geschwindigkeit von 22 m pro Tag. Im Sommer 2012 betrug die Fließgeschwindigkeit sogar

170 Einsamer Eisberg zwischen Grönland und Kanada in den Weiten des Eismeers.

171 Am Ausgang des Kangia-Fjords treiben sowohl Eisberge wie Eistafeln. Erstere stammen vom Gletscher und bestehen aus Süßwassereis, das oft schon Jahrtausende alt ist. Die flachen Eistafeln haben sich in jüngster Zeit im Meer gebildet und bestehen aus Salzwasser. Die Eistafeln im Bild haben einen Durchmesser von ca. 1 km. Blick vom Flugzeug aus.

172 Abbruchkante eines Gletschers am Jökulsárlón an der Südostküste von Island.

173 Eisberge in der Gletscherlagune Jökulsárlón. Blaues Eis ist dichter als weißes. Die schwarzen Flächen stammen von der Asche aus Vulkanausbrüchen.

46 m pro Tag. Diese Aktivität trägt messbar zur allmählichen Erhöhung des Meeresspiegels bei. Im Jahr produziert der Fjord über 35 Kubikkilometer Eis, die an der Stadt Ilulissat vorbei strömen. Über eine stationäre Webcam lässt sich der Strom von Eisbergen verfolgen, der Tag für Tag den Kangia-Eisfjord verlässt.[24]

174 Skurrile Mini-Eisberge.

Der Labradorstrom treibt die Eisberge des Kangia-Fjords zunächst nach Norden, bevor sie in der Baffin Bay eine Kehre beschreiben und an Labrador vorbei teilweise bis auf

175 Kangia-Fjord bei Ilulissat, Grönland. Der 40 km lange Fjord ist der ergiebigste Ausfluss des grönländischen Inlandeises. Er gehört zum UNESCO-Weltnaturerbe.

176 Die Fließgeschwindigkeit des Eises ist mit über 22 m pro Tag für einen Gletscher sehr hoch. Sie nahm in den letzten Jahren immer weiter zu.

177 An der Mündung des Kangia-Eisfjords. Trotz der Geschwindigkeit hat das Eis über ein Jahr vom Gletscher bis hierher gebraucht.

178 Blick auf den Kangia-Fjord durch eine Felsschlucht. Sie hat traurige Berühmtheit erhalten. Bei den Inuit Grönlands herrschte bei der Verteilung von Jagdbeute folgende Sitte: zuerst bekamen die Jäger zu essen, dann Frauen und Kinder. Die Alten bekamen als Letzte etwas, und manchmal auch nichts. In Zeiten von Hungersnot haben sie sich von diesem Felsen in den Tod gestürzt.

179 Mit 85–90 % liegt der größte Teil eines Eisbergs – der »Kiel« – unterhalb der Wasseroberfläche.
Wenn der Kiel in horizontaler Richtung stark ausgebreitet ist, ist er für die Schifffahrt von besonderer, weil schlecht einzusehender Gefahr. Daher halten Schiffe großen Abstand von Eisbergen. Vermutlich wurde ein unter der Wasserlinie liegender Ausläufer 1912 der Titanic zum Verhängnis.

180 Bei 4 °C hat Wasser die höchste Dichte. Bei dieser Temperatur ragen Eisberge am weitesten aus dem Wasser. Dieser Tafeleisberg erhebt sich etwa 80 m über den Meeresspiegel. Der unter Wasser liegende Teil reicht wahrscheinlich mehr als einen halben Kilometer in die Tiefe.

182 Die Schwimmfähigkeit von Eisbergen geht nicht nur auf die relativ geringe Dichte von Eis gegenüber flüssigem Wasser zurück. Sie wird unterstützt durch Lufteinschlüsse im Eis und dadurch, dass Eisberge aus Süßwasser bestehen, das leichter ist als Salzwasser.

die Höhe New Yorks gelangen. Ein solcher Eisberg besiegelte das Schicksal der für unsinkbar gehaltenen Titanic.

Der kalte Labradorstrom transportiert nicht nur Eisberge an der nordamerikanischen Küste entlang. Er drängt auf der Höhe von Neufundland den von Süden kommenden Golfstrom nach Osten, der dadurch für mildes Klima in Europa sorgt.

181 Manchmal laufen Eisberge auf Grund und bleiben Monate lang liegen. Sie werden Eisinseln genannt.

183 Das durchschnittliche Alter eines Eisbergs beträgt drei Jahre. Große Exemplare können fast Menschenalter erreichen. Das kleinteilige Treibeis verschwindet oft innerhalb eines Tages.

Die Lebensdauer eines Eisbergs liegt zwischen einigen Monaten und mehreren Jahrzehnten. Sie hängt davon ab, in welche Meeresgegenden die Strömung ihn treibt. Ein Eisberg umrundete Jahrzehnte lang die Antarktis, ohne merklich abzuschmelzen.[25]

Dass die meisten Eisberge aus Süßwasser bestehen, ist für Regionen interessant, die unter Trinkwasserknappheit leiden. Der Ingenieur Georges Mougin plädiert dafür, Eisberge zu den Kanarischen Inseln oder zu Ländern des Nahen Ostens zu schleppen[26]. Geeignet wären besonders Tafeleisberge, weil diese stabil im Wasser liegen. Die Transportkosten sollen durch die Nutzung von Meeresströmungen und Wind vermindert werden.

184 Nicht wenige Eisberge schleppen Gesteinsmaterial mit, das sie aus ihrer Zeit als Gletscher mitgebracht haben.

185 Die hier gezeigten Eisberge sind von mittlerer Größe. In der nördlichen Hemisphäre wurden Eisberge mit einer Fläche von über 200 km² beobachtet. Vom antarktischen Schelf lösen sich noch größere Exemplare.

186 Dieser Eisberg liegt nahe am Ufer. Die Ruhe des spiegelglatten Meeres kann trügerisch sein.

187 Die Lage von Gipfeleisbergen wird oft instabil. Wenn sie von unten her abschmelzen, verlagert sich ihr Schwerpunkt und sie können sich im Wasser wälzen. Wenn dies geschieht, lösen große Eisberge Wellen aus, die für nahe Schiffe und Strände gefährlich werden können.

188 Dieser Strand an der Mündung des Kangia-Fjords wurde vor einigen Jahren von einem Tsunami überspült, verursacht durch einen kippenden Eisberg. Dabei kamen Camper ums Leben, die unvorsichtigerweise hier ihre Zelte aufgeschlagen hatten.

7 Regenbogen, Halo und Glorie

Regenbogen

Viele Erscheinungen am Himmel, die uns immer wieder staunen lassen, gehen auf Wassertropfen und Eiskristalle zurück. Das bekannteste Phänomen ist der Regenbogen. Ein Regenbogen entsteht, wenn die Sonne im Rücken des Betrachters steht und ihr Licht auf eine Regenwand fällt. Trifft Licht auf einen Tropfen, wird es beim Übergang von Luft zu Wasser gebrochen. Es reflektiert an der hinteren Innenwand und tritt unter erneuter Brechung wieder aus. Bei der Brechung wird das Licht zugleich in seine Spektralfarben zerlegt, so dass es nach Wellenlängen sortiert austritt. Das Phänomen ist nur möglich, weil Regentropfen genau kugelförmig sind. Wären sie entsprechend Abbildung 69 (S. 29) »tropfenförmig«, würde sich kein Regenbogen bilden. Der Winkel zwischen Eintritt und Wiederaustritt liegt für Rot bei 42°, für Blauviolett bei 40°. Ein weiterer Teil des Lichtes reflektiert im Innern des Tropfens zwei Mal, bevor er austritt. Dieses Licht beschreibt unter einem Winkel von 51° einen zweiten, schwächeren Regenbogen, bei dem die Spektralfarben in umgekehrter Reihenfolge liegen, also außen Blau und innen Rot.

189 Regenbogen über Island.

191 Jeder Tropfen bildet die Spitze eines Kegels aus farbigem Licht. Die Gesamtheit aller austretenden Lichtstrahlen bildet den Mantel eines Kegels, bei dem Rot außen und Blauviolett innen liegt. Was das Auge des Betrachters von einem solchen Lichtkegel empfängt, ist nur ein einziger Strahl. Ein Regenbogen besteht aus all den Strahlen, die von der Gesamtheit zahlloser Tropfen ausgehend das Auge treffen.

190 Wie ein Regenbogen entsteht: Das Licht wird in jedem einzelnen Regentropfen zweifach gebrochen und beim Wiederaustritt in seine Spektralfarben zerlegt.

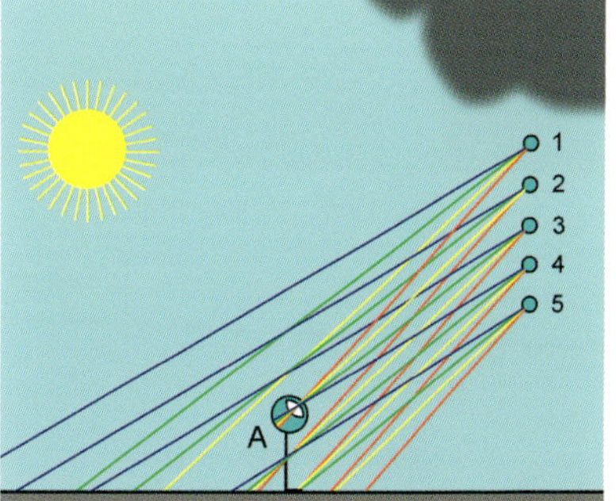

192 Warum bleibt der Regenbogen stehen, obwohl der Regen herunterrauscht? Das Auge A empfängt vom Tropfen 1 einen roten Strahl, von 2 einen gelben, von 3 einen grünen und von 4 einen blauen. Die Strahlen von 5 gehen – wie die meisten anderen auch – am Beobachter vorbei. Man kann die Nummern auch als Stationen eines einzelnen fallenden Tropfens sehen: bei 1 leuchtet er rot, weiter unten gelb, dann grün, dann blau.

193 Künstlicher Regenbogen. Eine große exakt geschliffene Glaskugel, die für einen Regentropfen steht, wird vom Licht eines Projektors angestrahlt. Das innerhalb der Glaskugel reflektierte Licht tritt gebrochen aus und wird in seine Spektralfarben zerlegt auf die Wand projiziert.[27]

194 Hier scheint der Regenbogen wie eine Brücke das vordere mit dem jenseitigen Ufer des Flusses zu verbinden. Doch das ist eine optische Täuschung. Tatsächlich lässt sich nicht erkennen, ob die Tropfen, die diesen Regenbogen erzeugen, kilometerweit oder nur meterweit entfernt sind. Hvalfjördur, Island.

195 Viele Regenbögen sind unvollständig, dann nämlich, wenn es nur in einer begrenzten Region regnet. Die Farben werden am intensivsten, wenn die Tröpfchen eine Größe von 0,3 mm haben. Dann ist in der Mitte des Spektrums auch die Farbe Grün zu sehen, die andernfalls nur schwach vertreten ist. Gällivare, Schweden.

196 Wenn die Tröpfchen sehr klein sind wie hier im abendlichen Nebel über Island, in den die Sonne hineinscheint, dann bilden sich keine bunten Farben. Vielmehr entsteht ein weißer Regenbogen, weil sich die Spektralfarben überlagern. Auch dieser Bogen bildet zur Verlängerung der Linie Sonne – Betrachter einen mittleren Winkel von 41°.

Halo

In kalten Mondnächten sieht man gelegentlich am Himmel einen weißlichen Ring um den Mond. Dieser »Halo« setzt Wolken vom Typ Cirrostratus voraus, also Schleierwolken in großen Höhen von 8 bis 10 km. Sie bestehen aus feinen prismenförmigen Eiskristallen von einigen Zehntel Millimetern Durchmesser. In ihnen bricht sich das Licht in ähnlicher Weise doppelt beim Ein- und Austritt wie bei einem Regenbogentropfen. Allerdings sind die Winkelverhältnisse anders, so dass der Halo sich als Ring unter einem Winkel von 22° vom Mond entfernt bildet. Auch um die Sonne kann sich ein solcher Halo bilden, doch ist er oft wegen der Helligkeit des Himmels nicht so prägnant.

Natürlich befinden sich nicht alle Kristalle in passender Orientierung zum Betrachter und senden ihr Licht in verschiedenste Richtungen. Jeder Betrachter sieht »sein« Halo, bestehend aus denjenigen Strahlen, die zufällig in sein Auge fallen. Auch in dieser Beziehung besteht eine Ähnlichkeit zum Regenbogen, dessen scheinbarer Ort von der Position des Betrachters abhängt. Weder Regenbogen noch Halo sind im üblichen Sinne Objekte. Sie treten nicht in einer bestimmten Entfernung auf, sondern nur unter einem bestimmten Winkel. Man kann sich ihnen weder nähern noch sich von ihnen entfernen. Sie erscheinen stets unter konstanten Winkeln, ohne größer oder kleiner zu werden.

197 Sonnenhalo über Trondheim, Norwegen. Aufnahme: Christina Meier.

198 Mit dem Halo können sich gelegentlich recht helle »Nebensonnen« verbinden. Aufnahme: Christina Meier.

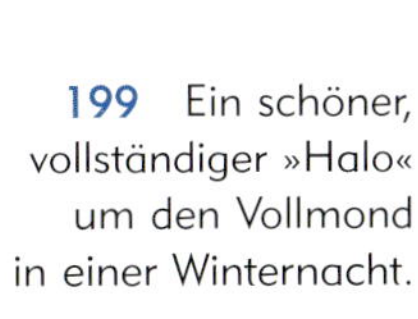

199 Ein schöner, vollständiger »Halo« um den Vollmond in einer Winternacht.

Korona

Bei Wolken vom Typ Altocumulus oder Altostratus kann der Mond eine farbige Korona erhalten. Sie hat einen Durchmesser von 2,5 bis 8°. Im Zentrum ist der Mond von einer weißen Aureole umgeben. Diese Erscheinungen gehen nicht auf Lichtbrechung, sondern auf Lichtbeugung zurück. Der Durchmesser und die Farbigkeit der Korona sind abhängig vom Durchmesser der Tröpfchen. Auch um die Sonne kann eine Korona entstehen, sie wird aber im Allgemeinen überstrahlt.

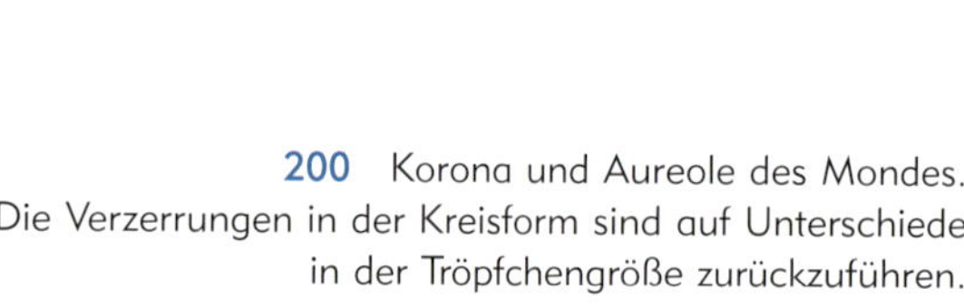

200 Korona und Aureole des Mondes. Die Verzerrungen in der Kreisform sind auf Unterschiede in der Tröpfchengröße zurückzuführen.

Glorie

Auf dem nebelreichen Brocken im Harz gibt nicht selten ein Phänomen, das in der Vergangenheit Viele in Schrecken versetzt hat: Der Beobachter sieht ein menschenähnliches, oft riesenhaftes Schattenwesen, das sich manchmal bewegt. Sein Kopf wird oft von einem farbigen Ring umgeben.

Bei diesem »Brockengespenst« handelt es sich um den Schatten des Betrachters, den die tiefstehende Sonne auf eine Nebelwand wirft. Wenn der Nebel wabert, scheint sich die Gestalt zu bewegen. Der farbige Ring wird als »Glorie« bezeichnet, in Anlehnung an den Heiligenschein.

201 Beim »Brockengespenst« handelt es sich um den eigenen Schatten auf einer Nebelwand.[28]

Eine Glorie ist nicht selten auch vom Flugzeug aus um dessen Schatten auf einer Wolke zu beobachten. Das Zustandekommen der Glorie ist noch nicht eindeutig geklärt. Manche Wissenschaftler meinen, dass Licht, das von Wolkentröpfchen reflektiert wird, von davor liegenden Tropfen gebrochen und in seine Spektralfarben zerlegt wird. Sie wäre insofern dem Regenbogen verwandt. Der Unterschied bestünde darin, dass beim Regenbogen ein Teil des Sonnenlichts an der Innenwand eines Tropfens reflektiert wird, bevor es den Tropfen

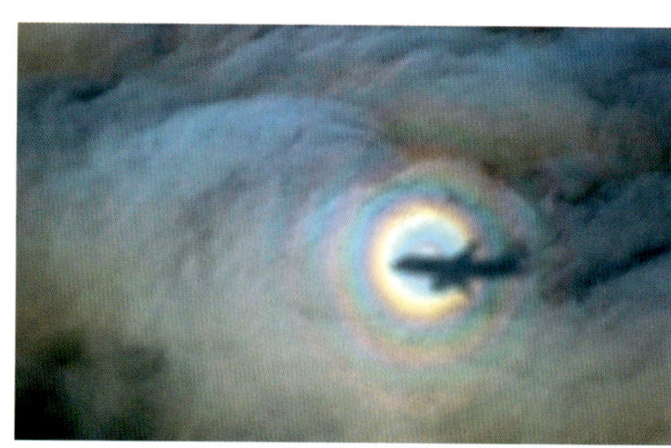

202 Fliegt ein Flugzeug über Wolken wie hier über München, so können sich um seinen Schatten herum konzentrische farbige Ringe bilden. Diese Erscheinung nennt man »Glorie«.

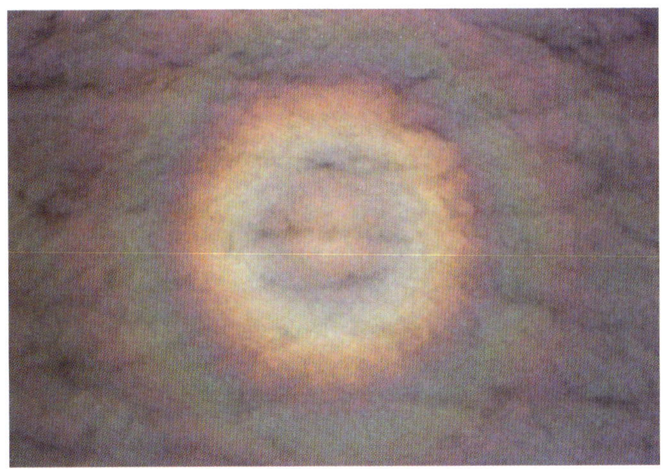

203 Bei dieser Aufnahme über Hawaii befindet sich das Flugzeug so hoch über den Wolken, dass sein Schatten nicht zu erkennen ist, wohl aber eine ausgeprägte Glorie.

204 Farbige Wolkenerscheinung über Vancouver.

an anderer Stelle verlässt, während für die Glorie der Teil des Lichts verantwortlich ist, der die Wand des Tropfens passiert statt zu reflektieren. Eine andere Erklärung nimmt nicht die Strahlenoptik, sondern die Wellenoptik zu Hilfe und behauptet, das in den Tropfen hinein gebrochene Licht umlaufe die Tropfen als Grenzflächenwelle und trete in Gegenrichtung wieder aus.[29]

8 Wasser und Eis im Weltraum

Mond

Die dunklen Flecken des Erdmondes nennt man immer noch »Maria« = Meere (Einzahl »Mare«), nachdem man sie im 17. Jh. für solche gehalten und entsprechend bezeichnet hat. Tatsächlich sind diese Bereiche, die man schon mit bloßem Auge erkennen kann, riesige, relativ flache Gebiete aus erstarrter Lava als Folge von Vulkantätigkeit vor über drei Milliarden Jahren. Die Rückseite des Mondes enthält nur wenige solcher Gebiete. Bei ihrer Benennung blieb man auch im Zeitalter der Raumfahrt der Tradition treu und gab ihnen Meeresnamen wie Mare Orientale und Mare Moscoviense. Die helleren Bereiche (»Terrae« = Länder) sind Gebirgslandschaften aus Einschlagskratern. Seit Entstehung des Mondes, wahrscheinlich infolge eines Zusammenpralls der jungen Erde mit einem marsgroßen Asteroiden, hat es auf dem Mond wohl niemals flüssiges Wasser gegeben. Wenn es je größere Mengen Eis auf der Mondoberfläche gegeben haben mag, ist es durch Sonneneinstrahlung in Wasserdampf verwandelt längst im Weltraum verschwunden, weil die schwache Gravitation des Mondes keine Atmosphäre binden kann.

Allerdings hat 1996 die Mondsonde Clementine an den Polen des Mondes in Kratern, deren Inneres stets im Schatten liegt, Hinweise auf Wassereis entdeckt. Wesentlich mehr wird unter der Mondoberfläche vermutet. Es könnte für die bemannte Raumfahrt von Bedeutung werden. Über die Herkunft dieses Wassers wird noch gerätselt. Ein Teil stammt möglicherweise von eisigen Meteoriten und Kometen. Französische Forscher vermuten, dass ein anderer Teil unter dem Einfluss des Sonnenwindes entstanden ist. Durch dessen Protonenbeschuss könnte sich Silikat der Mondoberfläche in Wasser verwandeln.[30]

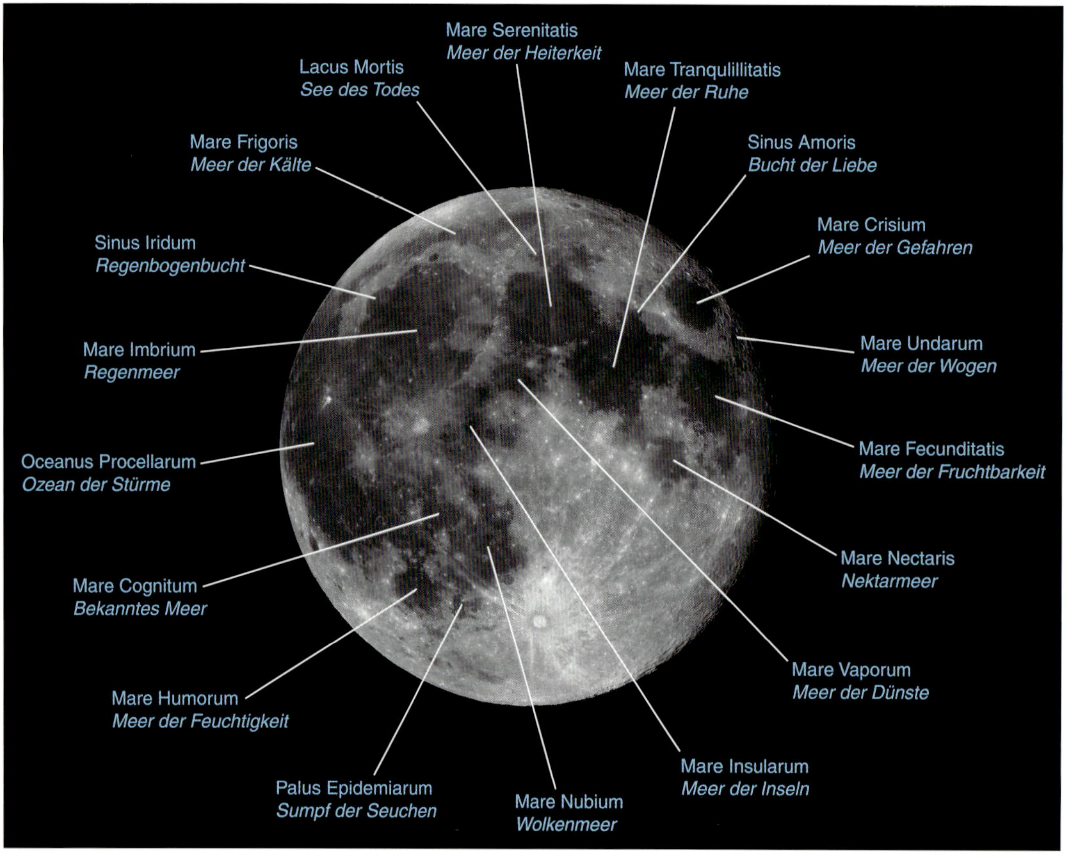

Mare Serenitatis
Meer der Heiterkeit

Lacus Mortis
See des Todes

Mare Tranquillitatis
Meer der Ruhe

Mare Frigoris
Meer der Kälte

Sinus Amoris
Bucht der Liebe

Mare Crisium
Meer der Gefahren

Sinus Iridum
Regenbogenbucht

Mare Imbrium
Regenmeer

Mare Undarum
Meer der Wogen

Oceanus Procellarum
Ozean der Stürme

Mare Fecunditatis
Meer der Fruchtbarkeit

Mare Nectaris
Nektarmeer

Mare Cognitum
Bekanntes Meer

Mare Vaporum
Meer der Dünste

Mare Humorum
Meer der Feuchtigkeit

Mare Insularum
Meer der Inseln

Palus Epidemiarum
Sumpf der Seuchen

Mare Nubium
Wolkenmeer

205 Den Bezeichnungen nach verfügt der Mond über große Wasserflächen. Die dunklen Bereiche auf dem Mond hat man vormals für Meere gehalten und bezeichnete sie als »Mare«. Darüber hinaus wurden viele kleinere Flächen als Lacus (See), Sinus (Bucht) oder Palus (Sumpf) benannt. Apollo 11 landete 1969 im Mare Tranquillitatis, dem Meer der Ruhe.[31]

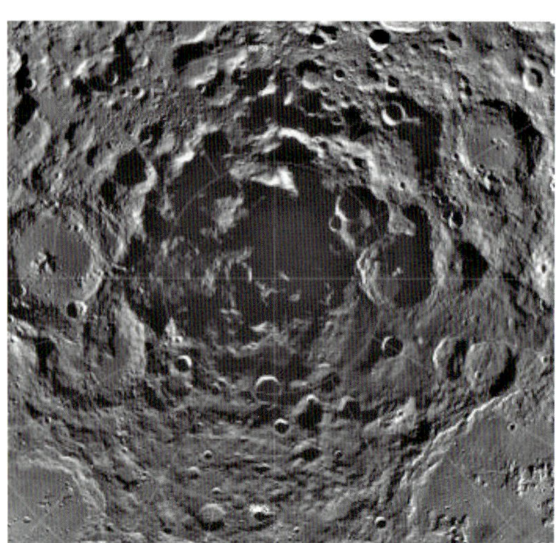

206 Am Südpol des Mondes befinden sich im Schatten der Krater Spuren von Wassereis.[32]

Wasser und Eis im übrigen Sonnensystem

Jüngste Auswertungen der Raumsonde Messenger haben ergeben, dass Merkur, obwohl der sonnennächste Planet, in den Kratern des Nordpols Wassereis enthält. Das ist erstaunlich, da die Oberflächentemperatur des Merkur bis zu 430 °C beträgt. Doch da es keine Atmosphäre gibt, die einen Temperaturausgleich herbeiführen könnte, wird das Vorkommen von Eis möglich.[33]

Auf dem Nachbarplaneten Venus gibt es keine Anzeichen für Wasser. Nach Meldungen des Goddard Space Flight Center der NASA sorgt ein starker elektrischer Wind dafür, dass die Wasserstoff- und

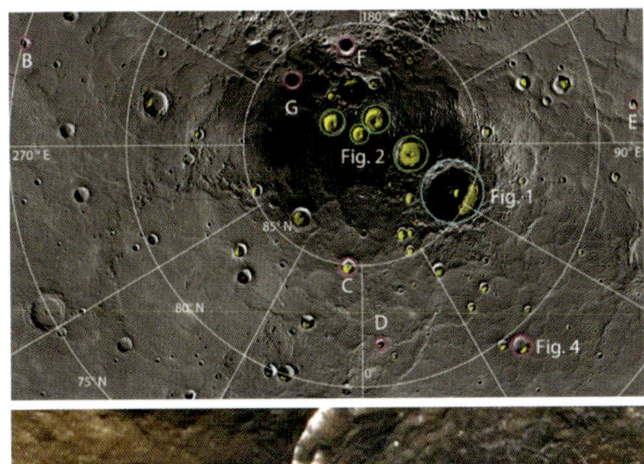

207 Fotos des Nordpols von Merkur. Die Eisflächen sind im oberen Bild gelb gekennzeichnet.[34]

208 Venus-Transit vor der Sonne am 08.06.2004. Unter der dichten CO_2-Atmosphäre des Planeten Venus herrschen höllische 464 °C. Hier gibt es kein Wasser.

209 Eisfläche auf dem Mars, aufgenommen durch die europäische Sonde Mars Express mit einer HRSC Stereokamera.[35]

210 Sedimentgesteine auf dem Mars weisen darauf hin, dass Mars vormals flüssiges Wasser gehabt haben muss.[36]

Sauerstoffatome, in die vorhandene Wassermoleküle vom UV-Licht der nahen Sonne gespalten werden, in den Weltraum geblasen werden.[37] Die Atmosphäre besteht größtenteils aus Kohlendioxid, der Anteil an Wasserdampf ist verschwindend gering. Auf der Oberfläche herrschen Temperaturen, bei denen Blei schmelzen würde. Dagegen enthält Mars, unser zweiter Nachbar, laut Forschungsergebnissen der Marssonde Curiosity in seinem wüstenartigen Boden erstaunliche 2 % Wasser. Man braucht den Boden nur zu erhitzen,

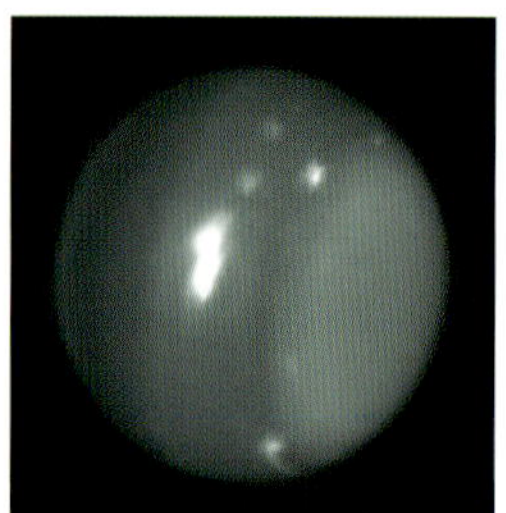

211 Der Planet Uranus, ein »Eisriese«. Die hellen Flecken zeigen Stürme an, die 2014 auf dem Planeten wüteten.[38]

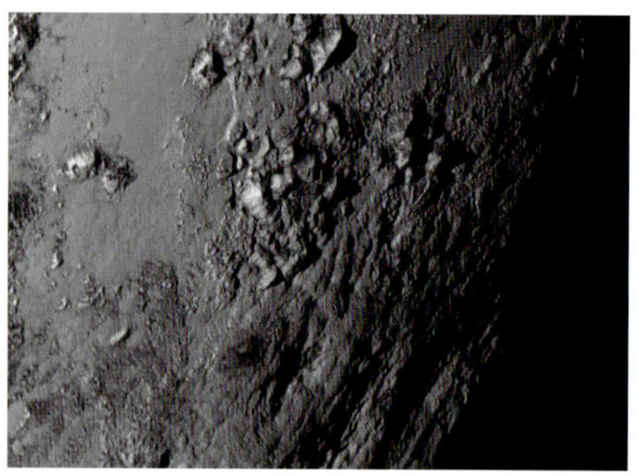

212 Die erste Nahaufnahme von Pluto durch die Raumsonde New Horizon am 15.07.2015.

213 Atemberaubend: Landschaft von Eisbergen von über 3 km Höhe auf Pluto. Aufnahme von New Horizon im September 2015.

um das Wasser zu gewinnen. In früheren Zeiten hat es auf dem Mars sogar Flüsse gegeben, die ihre Spuren bis heute erkennen lassen. Am 28.09.2015 legte die NASA Hinweise vor, dass zumindest zeitweise auch gegenwärtig auf dem Mars Wasser fließt.

Von den Eisriesen Uranus und Neptun nimmt man an, dass sie einen gefrorenen Kern aus Eis besitzen, an dem Methan, Stickstoff und Wasser beteiligt sind. Der Kleinplanet Pluto wartete mit Überraschungen auf, als die Raumsonde New Horizon am 15.07.2015 Nahaufnahmen machte. Sie zeigen 3500 m hohe Berge aus Eis, die möglicherweise durch vulkanische Aktivitäten aus dem wasserhaltigen Mantel herausgepresst wurden. Auch die Oberfläche des kleinen Mondes Hydra des Zwergplaneten Pluto besteht aus kristallinem Wassereis.[39]

Europa, einer der vier größten Monde des Planeten Jupiter und nur wenig kleiner als der Erdmond, besitzt unter einer Oberfläche aus Wassereis vermutlich einen tiefen Ozean aus flüssigem Wasser. Ganymed, der größte Mond des Sonnensystems, verfügt nach neuesten Erkenntnissen möglicherweise über mehr Wasser als die gesamte Erde.[40]

Auch die Oberfläche des Saturnmondes Enceladus besteht aus Wassereis. Am Südpol speien Geysire Fontänen aus Wasserdampf und Eiskristallen. Indizien sprechen dafür, dass sich in 30–40 km Tiefe ein etwa 10 km tiefer Ozean aus flüssigem Wasser befindet. Es könnte sich um die lebensfreundlichsten Bedingungen handeln, die das Sonnensystem außerhalb der Erde bietet.[41] Die Saturnringe bestehen aus Eis und Gesteinsbrocken. Die Ringe haben einen Gesamtdurchmesser von einer Million km. Ihre Dicke beträgt nur knapp 100 m.

214 Die Oberfläche des Jupitermondes Europa besteht aus Wassereis. Darunter verbirgt sich vermutlich ein Ozean aus flüssigem Wasser.[42]

Titan, der größte Mond des Saturn, wurde schon wegen seines Methan-Haushalts erwähnt, der dem irdischen Wasserkreislauf ähnlich ist. Unter seiner Oberfläche befindet sich außerdem Wassereis, das wahrscheinlich in Wechselwirkung mit dem Methan steht.[43]

215 Auch der 500 km kleine Saturnmond Enceladus besteht an seiner Oberfläche größtenteils aus Wassereis. Am Südpol speien Geysire Fontänen aus Wasserdampf und Eiskristallen.[44]

216 Die Ringe des Saturn bestehen aus Eis und Felsbrocken.[45]

217 Die Fontänen des Enceladus haben einen der Ringe des Saturn gebildet und beliefern ihn immer noch mit Material.[46]

218 Saturn mit seinen Ringen, von Cassini-Huygens gegen das Sonnenlicht aufgenommen. Der zarte Außenring aus Eiskristallen stammt von Enceladus.[47]

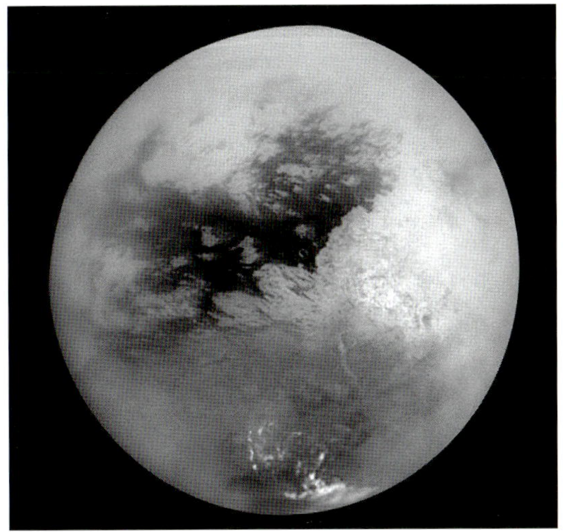

219 Auf dem Saturnmond Titan gibt es Regen und Flüsse aus Methan. Unter seiner Oberfläche wird außerdem Wassereis vermutet.[48]

Kometen als Wasserlieferanten?

Woher kommen das Wasser und das Eis auf der Erde?

Auf der Erde wurden Meteorite gefunden, die exakt die gleichen Isotopenverhältnisse bei Wasserstoff wie der Kleinplanet Vesta aufweisen, also höchstwahrscheinlich den gleichen Ursprung haben. Vesta kristallisierte vor 4,5 Milliarden Jahren, also zu Beginn der Planetenbildung. Das gleiche Isotopenverhältnis weist die Meteoritengruppe der »kohligen Chondrite« auf, die auch Wasser enthalten (s. Abb. 388, 389). Diese Befunde weisen darauf hin, dass mindestens ein Teil des irdischen Wassers schon in dem Material vorhanden war, aus dem sich das Sonnensystem gebildet hat.[49]

220 2014 gelang es erstmals, mit dem Array ALMA der Europäischen Südsternwarte eine Protoplanetare Scheibe um den Stern HL Tauri aufzunehmen. Im Kern bildet sich eine Sonne, aus den Staubringen formen sich Planeten. In einem ähnlichen Zustand befand sich unser Sonnensystem vor 4,5 Mrd. Jahren. Es enthielt von Anfang an auch Wasser.

221 Am 12.11.2014 landete die Raumsonde Rosetta/Philae auf Tschurjumow-Gerassimenko. Es war die erste Landung auf einem Kometen. In den Gasen, die durch Sonneneinwirkung herausgelöst werden, herrschen Wasser und Kohlenmonoxid vor. Fotos vom 26.11.2014.[50]

222 Komet Hale-Bopp, der große Komet von 1997. Kometen bestehen zu einem großen Teil aus Wassereis.

Manche Wissenschaftler nehmen an, dass ein Großteil des irdischen Wassers nicht im Innern des Sonnensystems entstanden ist, sondern dass es von Kometen stammt. Kometen wurden seit Tausenden von Jahren als Unheil verkündende Himmelsboten angesehen. Auch heute noch gibt es abenteuerliche Vorstellungen. 38 Mitglieder der amerikanischen Religionsgemeinschaft Heaven's Gate nahmen sich anlässlich des Erscheinens des Kometen Hale Bopp 1997 das Leben, um ihre Seelen zu dem Raumschiff zu senden, das sich ihrer Überzeugung nach hinter dem Kometen befand.

Es wird angenommen, dass Kometen der sog. Oortschen Wolke entstammen. Danach umschließen Milliarden von Objekten das Sonnensystem in einer unscharfen Kugelschale, die sich etwa 100 000 mal so weit von der Sonne entfernt befindet wie die Erde. Möglicherweise handelt es sich um Restbestände aus der Zeit der Entstehung des Sonnensystems, die von den großen Planeten nach außen geschleudert wurden. Anderen Annahmen zufolge handelt es sich um Objekte aus dem interstellaren Raum, die durch den Druck des Sonnenwindes auf Distanz gehalten werden.

Gravitative Störungen etwa durch benachbarte Sterne führen dazu, dass gelegentlich Objekte aus der Oortschen Wolke gelöst werden und sich auf einer langgestreckten Bahn ins Innere des Sonnensystems bewegen. Bei der Annäherung an die Sonne verlieren sie große Mengen an Gas und Staub, die der Sonnenwind von ihnen fortbläst. Dadurch entstehen die spektakulären Schweife, die stets von der Sonne wegweisen.

Die meisten Kometen sind »schmutzige Eisbälle«, Gemenge aus Wassereis, Staub und Gestein. In der Frühzeit des Sonnensystems müssen sich wesentlich mehr von ihnen in der Nähe der jungen Erde befunden haben. So liegt die Annahme nahe, dass Kometeneinschläge eine wichtige Quelle für das Wasser auf der Erde waren. Tatsächlich fand die Sonde Rosetta/Philae, die 2014 auf dem Kometen 67P landete, dort Eis in Form von millimetergroßen Körnern. Allerdings ist der Anteil an schwerem Wasser (Deuterium) bei Kometen doppelt so hoch wie bei irdischem Wasser, so dass sie nicht als einzige Quelle in Frage kommen. (Bei Deuterium besteht der Kern des Wasserstoffatoms nicht nur aus einem Proton, sondern enthält zusätzlich ein Neutron.)

Forschungen an Kometen, Kleinplaneten und Meteoriten legen derzeit folgendes Szenario nahe: Die protoplanetare Scheibe, aus der unser Sonnensystem entstand, enthielt ursprünglich sehr viel mehr Wasser als feste Bestandteile. Auch die Asteroiden und Planetenbausteine waren von Anfang an stark wasserhaltig. Noch heute verströmt der Zwergplanet Ceres stündlich 20 t Wasser.

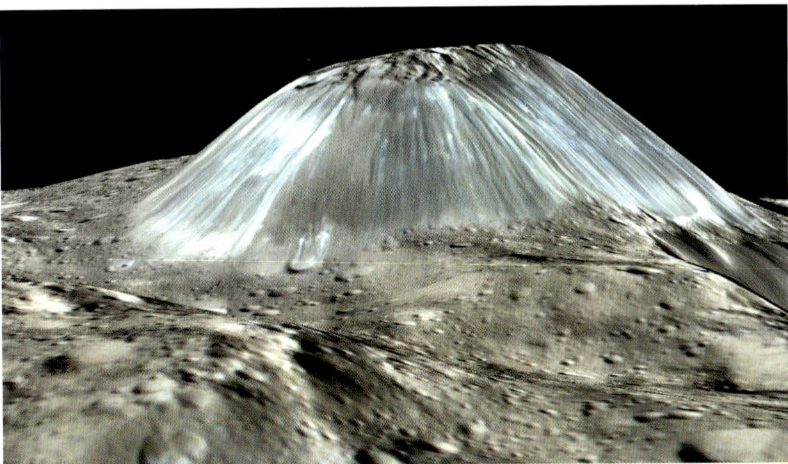

223 Auf dem Zwergplaneten Ceres erhebt sich Ahuna Mons, ein 4 km hoher und 17 km breiter Eisvulkan. Er ist das Ergebnis von Kryovulkanismus. Wasser, Eis und Minerale wurden vor ca. 210 Mio. Jahren aus dem warmen Innern herausgedrückt.[51] Aufnahme: Dawn spacecraft 2016. Image Credit: NASA/JPL-Caltech/UCLA/MPS/DLR/IDA / Wikimedia commons.

Vor 4,47 Milliarden Jahren ereignete sich zwischen der Proto-Erde und einem marsgroßen Körper eine Kollision, aus der die Erde und der Mond hervorgingen. Die Erde wurde dabei stark aufgeheizt und blieb für längere Zeit von einem hunderte Kilometer tiefen Ozean aus Magma bedeckt. Die im Erdmantel eingeschlossenen Wasserbestandteile gingen zusammen mit der ursprünglichen Atmosphäre weitgehend verloren. In der Folgezeit wurden Erde und Mond von zahllosen Asteroiden und Kometen getroffen. Während auf dem Mond davon die vielen Krater zeugen, die mangels einer Atmosphäre erhalten blieben, sammelte sich auf der Erde das Wasser aus den Himmelskörpern zu Ozeanen. Zugleich bildeten sich die Kontinentalplatten.[52]

Interstellarer Raum

Wie und wo ist das Wasser entstanden, das Planeten, Monde, Kometen und Asteroiden enthalten? In interstellaren Wolken ist nicht selten Wassereis nachzuweisen, doch ist schwer zu erklären, wie dort bei der geringen Dichte der Atome und der niedrigen Temperatur die notwendigen Reaktionen zwischen Wasserstoff und Sauerstoff stattfinden können. Britische Astronomen vermuten, dass Staubpartikel in interstellaren Wolken als Katalysator gedient haben dafür, dass Sauerstoff und Wasserstoff sich verbunden haben. Dafür sprechen Laborergebnisse, in denen sie in einer auf −268 °C heruntergekühlten Vakuumkammer vergleichbare Bedingungen hergestellt haben.[53] Amerikanische Forscher stellten fest, dass interstellares Wassereis relativ viel Deuterium enthält, das wahrscheinlich die Bildung von Wassereis auch bei niedrigen Temperaturen begünstigt. Riesige Wolken solcher Eispartikel waren möglicherweise Bestandteil der protoplanetaren Scheibe, aus der sich unser Sonnensystem gebildet hat.[54]

224 In interstellaren Wolken wird nicht selten Wasser gefunden. Hier ein Ausschnitt aus der Großen Magellanschen Wolke.[55]

225 Auch in fernen Sternsystemen konnte Wasser nachgewiesen werden, erstmals 1977 in der Triangulum-Galaxie M 33, einer der größten Galaxien in der Nachbarschaft unserer Milchstraße.[56]

Im April 2014 wurde Wasser auf dem schwach leuchtenden Braunen Zwerg WISE 0855-0714 entdeckt. Wahrscheinlich handelt es sich um Wolken aus Wassereiskristallen. Es ist der erste Nachweis für Wasser auf einem Himmelskörper jenseits des Sonnensystems.[57]

Es bleibt die Frage, woher der Wasserstoff und der Sauerstoff herkommen, die zusammen das Wasser bilden. Der Wasserstoff des Universums ist gemäß kosmologischer Standardtheorie bereits kurz nach dem Urknall entstanden. Der Sauerstoff hingegen ist ein Produkt früher Generationen von Riesensternen. In jedem Stern wird zunächst Wasserstoff zu Helium fusioniert. Dieser Fusionsprozess ist auch die Energiequelle unserer Sonne. Riesensterne mit mehr als 20-facher Sonnenmasse erbrüten im Laufe ihres Lebens darüber hinaus weitere Elemente, vor allem auch Kohlenstoff und Sauerstoff. Am Ende aller Fusionsprozesse explodieren sie als Supernova und geben die neuen Elemente an das umgebende Universum als Gas und Staub ab. Damit haben sie die materiellen Grundlagen zur Entstehung von Wassereis und Diamant geschaffen. Womit wir bei unserem zweiten großen Thema angelangt sind.

226 Riesensterne mit mehr als 20-facher Sonnenmasse haben eine relativ kurze Lebensdauer und explodieren als Supernova wie der Wolf-Rayet-Stern WR 124. Sie tragen wesentlich zum »Stoffwechsel« des Universums bei, indem sie große Mengen Kohlenstoff und Sauerstoff erbrüten und bei ihrer Explosion in ihre Galaxie abgeben. Auch gegenwärtig rieseln immer noch Staubreste zweier Supernovae aus der kosmischen Nachbarschaft auf die Erde.[58,59]

Diamant

9 Adamas, der Unbezwingbare

Zu den Legenden um den Diamanten gehört eine Geschichte aus 1001 Nacht. Sindbad der Seefahrer wird vom Riesenvogel Ruch zu einem Berg getragen. Nichtsahnend steigt Sindbad herab. Am Fuße des Berges findet Sindbad ein Tal, dessen Boden mit funkelnden Diamanten bedeckt ist. Er bückt sich, um sie aufzunehmen, als er von Schlangen angegriffen wird. Hastig klettert er nach oben, als ein Fleischklumpen an ihm vorbei fliegt und durch das Tal rollt. Ein Adler rauscht heran, greift das blutige Fleisch und trägt es davon. Als Sindbad in Sicherheit ist, erfährt er das Geheimnis dieser merkwürdigen Begebenheit. Niemand könne die Diamanten holen, weil das Tal voller Giftschlangen sei. Die Kaufleute dort bedienten sich aber einer List. Sie werfen Stücke geschlachteter Schafe ins Tal, an denen die Diamanten kleben bleiben. Raubvögel nehmen sie auf und tragen sie auf die Berggipfel zu ihren Horsten. Dort verscheuchen die Kaufleute sie mit Keulen und Geschrei. Daraufhin klauben sie die Diamanten von den Fleischstücken.[60]

Diese Geschichte aus 1001 Nacht steht nicht allein. Auch in China war sie um das Jahr 500 bekannt. Marco Polo (1254–1324) behauptete in einem Reisebericht, dass Adler Diamanten zusammen mit dem Fleisch fressen und dass die Einheimischen auf die Adlerhorste klettern, um den Kot mit den Edelsteinen zu holen.[61]

227 »Punkt eines Steins, kostbarer als Gold«. Marcus Manilius um Christi Geburt.[62]

228 Die Wertschätzung von Diamanten war im Altertum nicht selbstverständlich, was bei einem solchen »Kiesel«, wie sie oft abschätzig genannt wurden, nachvollziehbar ist. Viele Rohdiamanten sind nicht schön, aber so hart, dass es viele Menschen schon vor Tausenden von Jahren beeindruckt hat. Die Bezeichnung Adamas = der Unzerstörbare, verwendeten die Alten auch für Stahl. Dazu trug bei, dass manche Diamanten stahlgrau sind wie in dieser Abbildung.

229 Bei genauer Betrachtung zeigt der »Kiesel« auf der Oberfläche die für viele Diamanten charakteristischen Dreiecksstrukturen.

230 Eine andere Ansicht des gleichen Steins, bei der eine Kristallspitze deutlich hervortritt. Scharfe Spitzen wie diese waren hervorragend geeignet, andere harte Materialien zu bearbeiten. Schon vor über 2000 Jahren kitteten die Etrusker Diamanten an Stäbe, um entsprechende Werkzeuge zum Gravieren zu erhalten.[63]

231 Quarzstufe (Bergkristall). Quarz ist härter als Glas, was leicht zu erkennen ist, wenn man mit Sand über eine Glasscheibe reibt.

Man kann davon ausgehen, dass die Kaufleute Schafe und nicht unvorsichtigerweise Ziegenböcke für diesen Zweck schlachteten. Denn gemäß einer anderen Legende ist warmes Bocksblut das Einzige, das einen Diamanten aufzulösen vermag. Diese Behauptung hat sich von der Antike bis ins späte Mittelalter gehalten.

»Adamas« bedeutete »der Unzerstörbare« oder »der Unbezwingbare«. Unser Wort »Diamant« leitet sich aus einer Verbindung der beiden griechischen Wörter »diaphanes« (durchscheinend) und »adamas« her.

232 Dieser große Rubinkristall aus Indien mit knapp einem Kilogramm Masse hat zwar keine Schmuckqualität, aber er ist so hart, dass nur Diamant ihn ritzen kann.

Härtegrade nach Mohs

1 Talk	3 Kalkspat	5 Apatit	7 Quarz	9 Korund
2 Gips	4 Flussspat	6 Feldspat	8 Topas	10 Diamant

233 Der Stift Nr. 10 aus einem Prüfset zur Bestimmung der Mohshärte ist mit Diamantsplittern besetzt. Korund, das zweithärteste natürliche Mineral, wird von ihnen mit Leichtigkeit geritzt.

234 Szene aus dem spätantiken Physiologus (Codex Smyrnensis), der etwa 150–170 n. Chr. entstand: In Gegenwart einer Königin stehen zwei Männer am Amboss und schlagen mit dem Hammer auf einen eiförmigen Diamanten.

235 Die Überprüfung der Legende, wonach eher Hammer und Amboss zerbrechen als der Diamant, sollte man sich gut überlegen.

Seinerzeit bezog der Adamas seine Bedeutung aus seiner erstaunlichen Härte und nicht als Schmuckstein. Tatsächlich ist der Diamant das härteste Material, das in der Natur vorkommt. Unter den verschiedenen Skalen zur Bestimmung des Härtegrades ist die von Friedrich Mohs (1773–1839) die bekannteste. Mit weitem Abstand an der Spitze liegt der Diamant mit Härtegrad 10, er ist 140 mal härter als alle anderen natürlichen Minerale. Der Härtegrad eines Materials wird nach der Mohs-Skala dadurch bestimmt, welches Mineral der Liste die Probe ritzen kann. So lassen sich Korunde, zu dessen farbigen Spielarten Rubin und Saphir gehören, mit Diamant ritzen, aber nicht umgekehrt.

Bereits im Indien des 5. Jahrhunderts wusste man: »Die Edelsteine und die Metalle, die auf der Erde vorkommen, werden alle durch den Diamanten geritzt: der Diamant aber von keinem von ihnen.« (Buddhabhatta: Ratnapariksa).[64]

Von der Unzerstörbarkeit des Diamanten schreibt im 4. Jh. der Chinese Ko Hung: »Wenn man mit einem Eisenhammer auf einen Diamanten schlägt, so bleibt er heil, der Hammer aber wird verdorben.« Die gleiche Behauptung findet sich schon bei dem Griechen Xenokrates, bei Plinius und zahlreichen anderen Autoren.[65]

Grenzen der Haltbarkeit

Tatsächlich reicht ein leichter Schlag mit dem Hammer, um einen Diamanten zu zerstören. Er ist zwar von höchster Härte, aber nichtsdestoweniger ist er relativ spröde und damit zerbrechlich. Man sollte ihn also mit Sorgfalt behandeln.

Die Mär von der Unzerstörbarkeit des Diamanten wird noch heute in Afrika und Australien aufrecht gehalten, und zwar von betrügerischen Händlern. Sie bringen unerfahrene Digger um den Gewinn, indem sie die Rohdiamanten zerschlagen. Das bei diesem »Test« entstandene Diamantpulver, das den enttäuschten Diggern wertlos erscheint, verkaufen sie selbst teuer als Schleifmittel.[66]

Neben dem althergebrachten Glauben, dass der Diamant mechanisch unzerstörbar sei, wurde ebenso behauptet, dass Feuer dem Diamanten nichts anhaben könne. Diese Überzeugung geht auf die Schrift *Naturalis Historia* von Plinius zurück, die um das Jahr 77 entstand. Targioni und Averani (ein Hauslehrer

236 Alter persischer Stock- oder Dolchgriff, besetzt mit über 200 Rubinen, Smaragden und Diamanten.

237 Kuppe des Griffs. Im Zentrum ist ein Diamant in der bemerkenswerten Größe von 12 × 9 mm und etwa 3 Karat Gewicht eingelassen. Leider ist der Stein mit seiner rechteckigen Tafel in mehrere Teile zerbrochen. Möglicherweise hatte jemand gewagt, die alte Legende von der Unzerstörbarkeit des Adamas auf ihren Wahrheitsgehalt zu prüfen.

der Medici) waren wohl die ersten, die 1694 diese Behauptung mithilfe von Brennspiegeln widerlegten und berichteten, der Diamant verbrenne mit gelber Flamme.[67] Claude-Joseph Geoffroy zeigte um 1746: Der Diamant »verliert seinen Glanz in einem starken Feuer und seine Flächen werden bedeckt von einer weißen opaken Schicht«.[68]

Experimente von Antoine Laurent Lavoisier (1743–1794) bestätigten die Brennbarkeit. Auch er verwendete Brennspiegel und stellte erstmals fest, dass der Diamant sich beim Verbrennen in Kohlendioxid verwandelt. Die Zündtemperatur von Diamant liegt bei einer Temperatur von 850 °C. Bereits die Temperatur in einer Kerzenflamme reicht aus, um ihn zu verbrennen.

Doch allzu schnell sprach sich das offenbar nicht herum. Wie es scheint, sind manche Legenden beständiger als der Diamant. Kaum jemand wagt, die althergebrachten Lehren anzuzweifeln und empirisch zu überprüfen. Vor allem will niemand riskieren, etwas zu verderben, das wertvoller ist als Gold.

In einer Hinsicht allerdings ist der Diamant widerstandsfähiger als manche glauben. Die uralte Überzeugung, nach der sich der Diamant in

238 Das Innere einer Kerzenflamme kann bis zu 1400 °C heiß sein. Das ist mehr als genug, um einen Diamanten mit weißlichem »Frost« zu überziehen und ihn schließlich zu verbrennen.

warmem Bocksblut auflöst, wurde von Roger Bacon (1214–1294) widerlegt. Dennoch ist sie hier und da immer noch lebendig. Bis 800 °C geht der Diamant keinerlei chemische Verbindungen ein und er verwittert nicht in Jahrmillionen. Auch konzentrierte Säuren und Basen können ihm nichts anhaben. Wasser weist er ab. Dagegen zieht er Fette an, etwa von Haut und Cremes. Darum ist es notwendig, dass man häufig getragenen Diamantschmuck gelegentlich reinigt, weil er sonst seinen Glanz einbüßt.

Bei aller Aufgeklärtheit unserer Zeit hat der Diamant etwas von seinem mythischen Halo aus alten Sagen und Legenden behalten. Und wenn er nicht extremen mechanischen oder thermischen Belastungen ausgesetzt wird, lässt sich mit Fug und Recht sagen: »Ein Diamant ist unvergänglich.«

10 5000 Jahre Diamantgeschichte[69]

In Indien war der Diamant wahrscheinlich schon im vierten vorchristlichen Jahrtausend bekannt. Indien war der erste und bis ins 18. Jahrhundert hinein einzige Fundort. Angeblich gelangten von dort die ersten Diamanten

239 »Der Glanz seiner Regenbogenfarben erleuchtet die Umgebung.« Varahamihira: Brhatsamhita, 6. Jh.[70]

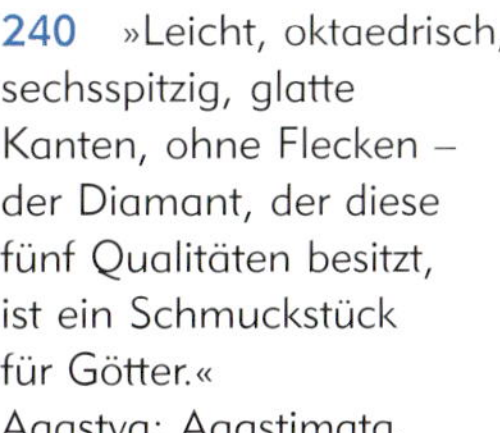

240 »Leicht, oktaedrisch, sechsspitzig, glatte Kanten, ohne Flecken – der Diamant, der diese fünf Qualitäten besitzt, ist ein Schmuckstück für Götter.« Agastya: Agastimata.

242 Der gleiche Diamant in anderer Beleuchtung, die die feinen Dreiecksstrukturen auf der Oberfläche sichtbar macht.

241 Vier Ansichten eines Rohdiamanten in Oktaederform, die Dreieck und Quadrat miteinander verbindet. Diese Form der Doppelpyramide galt in Indien als perfekt. Diamant aus Lesotho, Afrika.

im Jahre 327 v. Chr. durch Alexander den Großen auch nach Europa. Grodzinski behauptete 1946, dass die alten Ägypter zum Pyramidenbau vom Diamantkristall inspiriert worden seien, weil er Dreieck und Quadrat perfekt miteinander verbindet. Es gibt allerdings keine stichhaltigen Belege dafür, dass die Ägypter den Diamanten tatsächlich kannten.

Ein Stein für Männer oder für Frauen?

Von der Antike bis zum Mittelalter galt der Diamant weniger als Schmuck denn als magisches Amulett. Er war »indomitus« – unbezwingbar. Der Glaube an seine Unzerstörbarkeit war von entscheidender Bedeutung. Der Besitzer eines solchen Schatzes hielt sich für stark und unbesiegbar und, was vielleicht noch wichtiger war, er wurde von Anderen dafür gehalten. Als Schmucksteine dagegen wurden in früheren Zeiten farbenprächtige Edelsteine wie Rubin, Smaragd und blauer Saphir dem Diamanten vorgezogen.

Vor diesem Hintergrund ist der Erlass des französischen Königs Ludwig des Heiligen zu verstehen. Danach war es im 13. Jh. Frauen untersagt, Diamanten zu tragen. Nach damaligem Verständnis hatten sich Frauen dem Manne zu unterwerfen, und dazu passte nicht das Amulett für Unbesiegbarkeit. Eine Ausnahme gab es schon im Jahre 1074. Damals wurde eine der ersten Kronen mit Diamanten für die ungarische Königin gestaltet.

Diese Vorbehalte änderten sich erst, als man den zwar sehr harten, aber unscheinbaren »Kiesel« durch Facettenschliff glitzern ließ und ihm ein farbenprächtiges Feuer zu geben verstand. Hierdurch wurden sowohl die Attraktivität wie auch die Rolle des Diamanten als Schmuckpräsent für Frauen entscheidend befördert.

Die erste bürgerliche Frau, die einen Diamanten trug, war Agnes Sorel (1422–1450), die Geliebte König Karls VII. Damit wurde sie zur Vorreiterin für zahllose Mätressen, Freundinnen, Bräute und Gattinnen, die Diamanten zum Geschenk erhielten, auch wenn der Schliff erst allmählich die Raffinesse erhielt, den wir heute kennen. »Diamonds are a Girl's best Friend« sang Marilyn Monroe 1953.

243 Rubin, Smaragd und Saphir wurden lange Zeit höher geschätzt als der Diamant.

Glücks- oder Unglücksbringer?

Im »Ratna Pariksha«, der Wissenschaft von den Edelsteinen, schrieb Buddha Bhatt im 5. Jahrhundert: *»Wer, reinen Leibes, immer einen Diamanten trägt mit scharfen Spitzen, ohne Flecken, ohne jeden Fehler, dem wächst an jedem Tag, so lange sein Leben währt, irgendetwas Glückliches zu, Kinder, Reichtum, Korn, Kühe, Vieh. Er hält weit von sich ab die Gefahren von Schlangen, durch Feuer, durch Gifte, durch Krankheiten, durch Diebe, durch Wasser und die atharvanischen Schäden.«*

Fehler an den Kanten galten als Hinweis auf Gefahr durch Schlangen, Einschlüsse galten als Hinweis auf Gefahr durch Feuer. Rote Einschlüsse bedeuteten den Verlust von Elefanten und Pferden, gelbe bedeuteten den Zerfall der Familie.

Der Glaube an »Heilsteine« war im Altertum und im Mittelalter weit verbreitet. Schon bei den alten Babyloniern und Ägyptern wurden den Edelsteinen Wunderkräfte zugeschrieben. Die »Unbezwingbarkeit« des Adamas wurde in den Wirkungslehren in eine aktive Wirkung umgedeutet:

Plinius (23–79 n. Chr.) schreibt in seiner Naturkunde: Der Diamant macht Gifte unwirksam, vertreibt Wahnsinn und törichte Ängste. »Deswegen haben ihn manche *Anancites* (Bezwinger) genannt.«

Ein Magier namens *Damigeron* sagte, dass der Diamant unbesiegbar und furchterregend macht. ». . . von einigen wird dieser Stein *Amantites* genannt, eben weil er erzwingen und vollenden kann alles, was du von ihm wünschen magst.«

Nach *Xenokrates von Ephesos* hat er eine ähnliche Wirkung wie *Elektrum*, eine Bezeichnung sowohl für eine Gold-Silber-Legierung wie für Bernstein. Er soll Gift abschwächen und Zauberkünste abwehren.

Hildegard von Bingen (1098–1179) empfahl, einem Menschen, der boshaft, hirnkrank, trügerisch oder jähzornig ist, einen Diamanten in den Mund zu legen. Außerdem sei diese Maßnahme hilfreich gegen Hungergefühl beim Fasten.

Dagegen wurde im arabischen »Steinbuch des Aristoteles« aus dem 9. Jh. geraten, den Diamanten niemals in den Mund zu nehmen, weil er erstens die Zähne durchbohrt und weil zweitens der Speichel der Schlangen daran klebt, die ihn bewacht haben. Nicht wenige Araber hielten den Diamanten im Gegensatz zu den farbigen Edelsteinen für ein Gift. *Al-Dimasqi* (1256–1327) behauptete, das kleinste Stückchen brächte den Tod, indem es die Eingeweide verbrennt, wenn man es verschluckt. Wahrscheinlich sollte mit solchen Behauptungen vor Diebstahl durch Verschlucken gewarnt werden, wie er bis in unsere Zeit gelegentlich geschieht.

Der indische Arzt *Narahari* schrieb zwischen 1235 und 1250 über die Wirkung des Diamanten, zu Arznei vermischt mit dem Haus der *bhunaga*-Schnecke, er heile alle Krankheiten und erzeuge Wohlbefinden, er vertreibe auch Runzeln und graues Haar bei Männern.

Mit Beginn der Neuzeit machte sich Skepsis breit. Man wies auf Widersprüche zwischen unterschiedlichen Autoren hin, der Glaube an die eine oder andere Wirkung wurde psychologisch interpretiert. Dennoch wurde Diamantpulver noch im 18. Jh. als Heilmittel oder als Gift angewandt, und lange wurde diskutiert, ob der Arzt und Alchimist Paracelsus 1541 durch dieses Mittel getötet worden sei. Teilweise fanden sich neue, wissenschaftlich begründete Zusammenhänge für eine Wirksamkeit. Johann Wolfgang von Goethe war der Ansicht, dass die Splitter eines Diamanten die Darmwände möglicherweise mit tödlichen Folgen verletzen könnten.

Jehan de Mandeville behauptete im 14. Jahrhundert: »*Und du sollst wissen, dass der Diamant freiwillig gegeben werden muss, nicht erbeten oder bezahlt, dann nämlich ist er von größerer Kraft.*« Dem werden die Juweliere wohl nicht unbedingt zustimmen. Eher wird ihnen gefallen, was Albertus Magnus (1200–1270) meinte: »*Größer ist seine Kraft, wenn er in Gold, Silber oder Stahl gefasst ist.*«

244 Zeichnung eines Rohdiamanten von Claus Caspari 1967.[71]

Heutzutage ist der Diamant für die Meisten Schmuck oder Wertanlage. Doch Manchen bedeutet er mehr. Seit den alten Zeiten Mesopotamiens, Ägyptens und Chinas glauben die Menschen an die Wirkung von Amuletten. Der »Sympathiezauber«, nach dem tatsächliche oder vermeintliche Eigenschaften vom Amulett auf dessen Träger übergehen sollen, ist bis heute wirksam, und sei es nur in der Weise, dass wir uns von der Poesie alter Legenden und Mythen verzaubern lassen. So hat der Diamant noch heute etwas von der mythischen Macht, die er Jahrtausende lang besaß. Auch wenn der Adamas nicht wirklich unzerstörbar ist, gehört er doch zum Beständigsten, das wir kennen, und gibt uns einen Hauch Unsterblichkeit in die Hand.

Berühmte Diamanten

Einige Diamanten haben Berühmtheit erhalten, und Legenden ranken sich um ihre Geschichte.[72]

Der Schah

Der 4 cm lange Schah-Diamant wurde um 1450 im indischen Golconda gefunden und befand sich zunächst im Besitz des Sultans von Ahmednagar. Der Großmogul Akbar plünderte die Stadt 1591 und nahm den Stein mit nach Delhi. Als Nadir Schah von Persien 1738 Indien eroberte, eignete er sich auch den Diamanten an.

Der 88,7 Karat schwere Schah-Diamant wurde nicht geschliffen, sondern lediglich poliert. Auf drei Seiten sind in persischer Schrift die Namen von drei Schahs eingraviert. Darunter befindet sich »Jehan Schah im Jahre 1051« (was nach unserer Zeitrechnung 1641 entspricht), der seiner geliebten Gemahlin Mumtaz Mahal und Mutter von 14 Kindern das berühmte Tadj-Mahal errichten ließ. Über die zweifellos schwierige Gravurarbeit ist nichts überliefert.

1829 wurde in Teheran der russische Botschafter Gribojedow getötet. Fath Ali Schah übergab den Diamanten Zar Nikolaus I. als Versöhnungsgeschenk. Heute befindet er sich im Diamantenfond des Kreml.

245 Der Schah. Sowjetische Briefmarke von 1971.

Der Hope

Eine besondere Rolle spielte der Kaufmann Jean-Baptiste Tavernier, der zwischen 1630 und 1663 wiederholt Indien und Persien bereiste. Er vermaß und zeichnete viele bedeutende Diamanten und exportierte sie nach Frankreich. Damit entsprach er dem Bedarf des europäischen Adels an Luxusgütern, insbesondere des französischen Königshofs. Viele der von Tavernier mitgebrachten Diamanten wurden in Schausammlungen gezeigt und sind inzwischen spurlos verschwunden. Viele Mogul-Diamanten wurden von Schah Nadir von Persien im 18. Jahrhundert in Indien geraubt und sind heute Teil der iranischen Kronjuwelen.

In einem Fluss bei Guntur im Osten Indiens wurde ein tiefblauer flacher Diamant von 110,50 Karat Gewicht gefunden. Es war einer der letzten Steine, die Tavernier nach Frankreich brachte. Er verkaufte ihn an Ludwig XIV., der ihn auf 69,03 Karat in Herzform schleifen ließ. 1792 wurde er im Zuge der französischen Revolution zusammen mit anderen Kronjuwelen geraubt und blieb lange Zeit verschollen.

Zu Anfang des 19. Jahrhunderts tauchte in London ein blauer Diamant auf. Er erwies sich als der Tavernier Blue, inzwischen mit Kissenschliff und nur noch 45,52 Karat schwer. Der Bankier Henry Philip Hope erwarb den Stein für 18000 £, der seither seinen Namen trägt. Zu Beginn des 20. Jahrhunderts

246 Der Hope (Tavernier Blue, French Blue).

befand sich der Stein vorübergehend im Besitz des Juweliers Pierre Cartier. 1949 erhielt ihn der Juwelier Harry Winston für 176 920 $. 1958 steckte er den Stein in ein gewöhnliches Päckchen und schickte es an das Smithsonian in Washington, eine öffentliche Forschungs- und Bildungsstätte. Dort ist der Stein bis heute ausgestellt, der auf einen Wert von über 200 Millionen Dollar geschätzt wird.

Die »Halsbandaffäre«

Die Französische Revolution richtete sich gegen die Prunksucht des Adels auf Kosten der armen Bevölkerung. Nicht zuletzt trug die »Halsbandaffäre« zu der Entwicklung bei. König Ludwig XV. hatte für seine Mätresse, Madame du Barry, ein Diamantencollier von 2800 Karat Gewicht in Auftrag gegeben, das heute über 100 Millionen Dollar wert wäre. Er starb vor der Fertigstellung. Die Juweliere boten es dem Sohn und Nachfolger Ludwig XVI. für dessen Frau Marie Antoinette an. Ludwig war 1778 bereit, es ihr zu schenken. Marie Antoinette aber lehnte ab. Sie wollte kein Collier, das für die Mätresse des Schwiegervaters bestimmt war, die sie bereits vom Hof gejagt hatte.

Allerdings überzeugte die Hofdame Jeanne Gräfin de la Motte 1785 Kardinal Rohan davon, dass die Königin das Collier haben wolle. Rohan fädelte den Kauf ein. Den Juwelieren wurde ein angeblich von der Königin unterzeichneter Kaufvertrag vorgelegt. Sie überbrachten das Collier der Gräfin de la Motte als Zwischenträgerin. Als König und Königin von der Transaktion erfuhren und die Rechnung erhielten, behaupteten sie wütend, die Unterschrift sei eine Fälschung. Sie ließen den Kardinal und die Gräfin wegen Majestätsbeleidigung und Betrugs verhaften. Noch wütender empfing eine Menge Pariser Bürger die Königin vor der Pariser Oper, weil sie der Gräfin und nicht Marie Antoinette glaubten, die für ihre Verschwendungssucht schon berüchtigt war. Der Fall erregte monatelang die Öffentlichkeit. Die Königin hatte das Halsband allerdings nie erhalten. Später stellte sich heraus, dass der Mann der Gräfin einige aus dem Halsband herausgebrochene Steine in London verkauft hatte. 1789 erfolgte der Sturm auf die Bastille. Marie Antoinette und Ludwig XVI. wurden 1793 auf der Guillotine hingerichtet.

Mit der ausgeprägten Diamantenmode des Adels war es in Frankreich vorbei. 1792 wurden die Kronjuwelen von Aufständischen gestohlen. Die Teile, die man wiederfand, wurden 1887 von der Dritten Republik versteigert. Tiffany in New York war

247 Kopie des Halsbandes, das in die Geschichte der französischen Revolution einging.

einer der Käufer. Zahlreiche Stücke sind bis heute nicht wieder aufgetaucht. Andere wechselten vielmals den Besitzer, darunter auch der Hauptstein in der Königskrone von Ludwig XV., der Sancy.

Der Sancy

Der Sancy ist ein hellgrüner Diamant mit einem Gewicht von 55,23 Karat, angeblich der erste Diamant, der geschliffen wurde. Er tauchte nach Erzählungen erstmals im 15. Jahrhundert auf, als er Herzog Karl dem Kühnen von Burgund gehörte. In der Schlacht von Nancy 1477 trug er ihn als Talisman bei sich. Doch der »Unbezwingbare« half ihm nicht, Karl der Kühne fiel. Ein

248 Der Sancy.

Soldat nahm den Stein an sich und verkaufte ihn für eine geringe Summe nach Portugal. Verbrieft ist, dass Nicholas Harlay de Sancy, französischer Abgesandter und späterer Finanzminister, ihn 1570 erwarb. Nach ihm ist der Stein benannt. Ungesichert ist die folgende Geschichte: Sancy benötigte ein Darlehen zur Anwerbung von Soldaten und schickte den Stein als Sicherheit nach Solothurn in die Schweiz. Doch der Bote kam niemals an. De Sancy ließ ihn suchen. Man fand die Leiche des Boten, er war überfallen und getötet worden. De Sancy ließ den Leichnam öffnen. Im Magen fand man den Diamanten, den der loyale Bote offenbar beim Überfall verschluckt hatte. 1604 verkaufte de Sancy den Diamanten an James I. von England für 60 000 Écus. Im englischen Bürgerkrieg Mitte des 17. Jahrhunderts spielten Diamanten zur Finanzierung der Truppen auf beiden Seiten eine Rolle. James II. floh mit dem Stein nach Frankreich und suchte Unterstützung bei Ludwig XIV., der ihm den Diamanten als Gegenleistung fortnahm. Während der französischen Revolution wurde der Stein von der französischen Krone zur Truppenfinanzierung nach Spanien verkauft. Dort ging er durch mehrere Hände, bis er in den Besitz von Maria Luisa, der Frau von King Charles IV., gelangte. Danach besaß ihn Manuel de Godoy, der Bodygard und Geliebte von Maria Luisa, auf deren Drängen er 1792 zum Premierminister ernannt wurde und den Titel eines Herzogs erhielt. 1828 kaufte der Großindustrielle Anatole Demidoff den Stein. 1904 erwarb ihn die Familie Waldorf Astor. 1978 kauften ihn die Banque des France und die Musées de France für eine Million Dollar. Seither ist der Sancy im Louvre ausgestellt.

Der Orlow

Der kuppelförmige Orlow ist von bläulich-grüner Farbe und 189,62 Karat schwer. Ursprünglich soll er sich als Auge in der Statue von Gott Vishnu im Tempel von Srirangam in Südindien befunden haben. Wie es heißt, trat ein französischer Söldner zum Hindu-Glauben über, nur um sich Zugang in den Tempel zu verschaffen. Er brach den Stein aus der Statue und floh. In Madras verkaufte er ihn 1750 an einen britischen Kapitän für 2000 £. Dieser verkaufte ihn in London für den sechsfachen Preis. Seit dem Raub liegt der Legende nach ein Fluch auf allen, die den Stein besitzen.

In Antwerpen kaufte Fürst Grigori Grigorjewitsch Orlow den Stein für 400 000 Rubel und schenkte ihn 1776 seiner ehemaligen Geliebten, der Zarin Katharina der Großen, der er auf den Thron verholfen hatte. Sie ließ den Stein in das Zepter der russischen Zaren einarbeiten, doch Orlows Hoffnung, damit die Gunst der Kaiserin zurück zu gewinnen, erfüllte sich nicht. Als die russische Zarenfamilie 1918 ermordet wurde, führten Manche dieses Schicksal auf den alten Fluch zurück, der auf den Besitzern des Steines laste.

249 Der Orlow.

Möglicherweise besteht eine Beziehung zu dem »Großmogul«, den Jean-Baptiste Tavernier im 17. Jahrhundert beschrieb. Es handelte sich um einen 280 Karat schweren runden Diamanten, der 1650 in Indien gefunden wurde und anfänglich Schah Jehan gehörte, dem Erbauer des Tadj-Mahal. Es war als Rohstein mit einem Gewicht von 787,5 Karat der größte Diamant, der je in Indien gefunden worden ist. Als der beauftragte Schleifer Borgio den Rohstein auf 280 Karat verkleinert hatte, ließ der erboste Schah ihn auspeitschen und konfiszierte sein Vermögen. Der Stein ging verschollen. Vielfach wird vermutet, dass er mit dem Orlow identisch ist und bei einem Umschliff sein heutiges Gewicht bekam – weniger als ein Viertel des ursprünglichen. Andere vermuten, dass Schah Jehan tatsächlich betrogen wurde und der Orlow aus dem Reststück des von Borgio gespaltenen Diamanten gefertigt wurde.

Der Regent

1701 fand ein Sklave am Krishnafluss bei Golconda in Indien einen Stein von 410 Karat Gewicht. Wie es heißt, fügte er sich selbst eine Wunde am Bein zu, um den Stein unter dem Verband unbemerkt aus der Mine schmuggeln zu können. An der Küste wollte er ihn an einen Kapitän verkaufen. Doch dieser ermordete ihn, warf ihn über Bord und nahm den Stein an sich. In Bombay verkaufte er den Stein für 5000 $ an einen Kaufmann. Dieser verkaufte den Diamanten für 100 000 $ an den Gouverneur und Diamantenhändler Thomas Pitt, der ihn schleifen ließ. Allein den Rohstein durchzusägen dauerte ein ganzes Jahr, das Schleifen ein weiteres Jahr. Die kleineren Stücke gingen an Peter den Großen in Russland. Das größte Stück mit 140,5 Karat brachte Jean-Baptiste Tavernier nach Frankreich und verkaufte es 1717 an Philippe II. d'Orleans für 650 000 $, den höchsten Preis, der bis dahin für einen Schmuckstein gezahlt worden war. 1722 befand er sich zusammen mit dem Sancy in der Krone von Ludwig XV., Marie Antoinette trug ihn als Schmuck. Nachdem er in der französischen Revolution 1792 zusammen mit anderen Kronjuwelen geraubt wurde, fand man ihn 1793 auf einem Dachboden wieder.

250 Der Regent (Pitt-Diamant).

1804 erwarb ihn Napoleon I. Der Stein wurde in den Griff des Schwertes eingesetzt, das Napoleon bei seiner Krönung trug. Als die deutsche Wehrmacht 1940 in Paris einmarschierte, mauerte man den Regent in einem Versteck ein. Heute ist er im Louvre zu besichtigen.

Der Eureka

251 Der Eureka.

1866 fand Erasmus Jacobs, Sohn eines Farmers, am Oranjefluss in Südafrika einen glänzenden Kiesel und schenkte ihn seiner Schwester. Die Mutter überließ das scheinbar wertlose Stück dem Nachbarn. Der stellte anhand der Härte fest, dass es sich um einen Diamanten handelt. Noch im gleichen Jahr wurde der 21,25 Karat schwere Stein bei der Pariser Weltausstellung gezeigt. Er erhielt den Namen »Eureka« – ich hab's gefunden –, nach einem Ausruf, der Archimedes zugeschrieben wird. Zurück in Südafrika, wurde der Stein nach Großbritannien verkauft. 1967 kaufte das Diamantunternehmen de Beers den Stein und schenkte ihn dem Volk von Südafrika. Dort liegt er heute im Minenmuseum von Kimberley.

Der geschliffene Stein ist 10,73 Karat schwer und enthält Einschlüsse, die seinen materiellen Wert schmälern. Doch er war der erste Diamant, der in Südafrika gefunden wurde, und damit von entscheidender Bedeutung. Er bildete den Auftakt zur bis heute umfangreichsten Diamantförderung der Welt und löste damit Indien und Brasilien in ihrer Vorrangstellung als Diamantenfundgebiete ab.

Der Cullinan

Der größte Diamant, der in Südafrika gefunden wurde, war mit 3106,75 Karat (621,35 Gramm) und über 10 cm Länge zugleich der größte, der jemals weltweit entdeckt worden ist. Er ist von blauweißer Farbe und äußerst rein. Er wurde 1905 in Cullinan östlich von Pretoria wenige Meter unter der Oberfläche in der Premier Mine gefunden, einer Fundstelle vieler großer Diamanten, die immer noch in Betrieb ist. Der Name geht auf den Minenbesitzer Thomas Cullinan zurück. Der Aufseher der Mine fand den Stein, der glitzernd aus der Wand eines Stollens ragte. Der Finder erhielt 10 000 $ Belohnung. 1906 wurde der britischen Kolonie Transvaal die innere Selbst-

252 Der Cullinan im ursprünglichen Zustand (Replikat).

verwaltung zugestanden. Zum Dank machte Premier Louis Botha den Cullinan dem britischen König Edward VII. 1907 zum Geschenk. Um mögliche Diebe in die Irre zu führen, ließ man unter großem Sicherheitsaufgebot eine Kopie des Steines per Schiff transportieren. Den echten Stein schickte man mit einfacher Post nach England.

Der Amsterdamer Schleifer Joseph Asscher erhielt den Auftrag, den unförmigen Rohdiamanten für den Schliff zu spalten. Er untersuchte ihn monatelang, bevor er eine Kerbe sägte und einen Spaltversuch wagte. Beim ersten Versuch brach die Klinge, der Stein blieb unversehrt. Der zweite Schlag glückte, Asscher fiel daraufhin in Ohnmacht. Nach acht Monaten harter Arbeit ergab die Spaltung neun große Teile, die jetzt zu den britischen Kronjuwelen gehören, und 96 kleine Teile.

Cullinan I – »Der große Stern von Afrika« – ist tropfenförmig geschliffen und wiegt 530,2 Karat. Er wurde Teil des britischen königlichen Zepters. Cullinan II – »Der kleinere Stern von Afrika« – ist kissenförmig geschliffen und wiegt 317,4 Karat. Er ist der dominante Stein der britischen Königskrone. Cullinan III mit

253 Joseph Asscher beim Spalten des Cullinan.[73]

94,4 Karat und Cullinan IV mit 63,6 Karat wurde in die Krone von Königin Mary eingearbeitet.

Der ursprüngliche Rohstein des Cullinan ließ an einer Bruchfläche erkennen, dass es sich um den Teil eines vielleicht noch viel größeren Diamanten gehandelt haben muss. Lange wurde nach dem vermeintlichen restlichen Stück gesucht, aber ohne Erfolg.

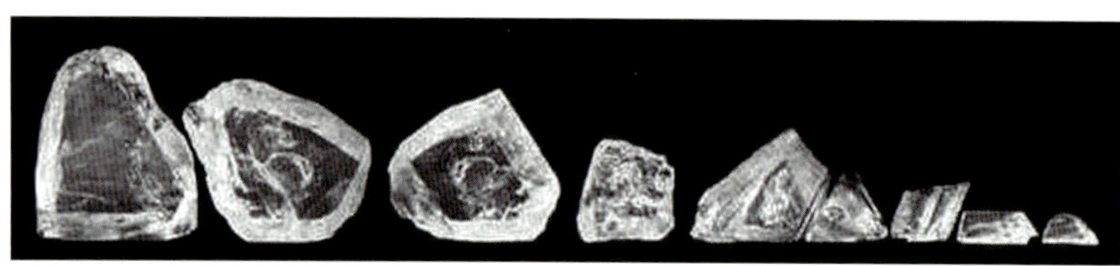
254 Die neun größten Rohsteine des Cullinan nach dem Spalten. Replikate.

255 Cullinan I – Der große Stern von Afrika, der das Zepter der englischen Königin ziert.

Der Koh-i-Noor

Sagenumwoben wie kein anderer Diamant ist der Koh-i-Noor. Sein Name kommt aus dem Persischen und bedeutet »Berg des Lichts«. Er hat unter den berühmten Diamanten die längste Geschichte. Sie verliert sich in Mythen, in denen die Götter um ihn kämpften wie später die Menschen. Eine Sanskritschrift aus der Zeit um 3000 v. Chr. erwähnt einen großen Diamanten, der möglicherweise mit dem Koh-i-Noor identisch ist. Wahrscheinlich wurde er bei Golconda gefunden, dem Herkunftsgebiet vieler indischer Diamanten. Karna, Sohn des Sonnengottes Surya, soll ihn auf der Stirn getragen haben. Nach dessen Ermordung soll der helle Stein im nordindischen Thanesar das dritte Auge Shivas auf der Stirn der Statue gebildet haben, das Auge der Erleuchtung.

Dokumentiert ist, dass im Jahre 1304 in Indien Sultan Ala ud-Din Khalji dem Raja von Malawah den Diamant als dessen kostbarsten Schatz wegnahm. 1526 hieß der Stein nach seinem Besitzer »Barbur's Diamant«. Damals soll er ein Gewicht von 793 Karat gehabt haben. Später wurde der Stein geschliffen, und sein Gewicht dabei auf 186 Karat reduziert. Sein Wert wurde mit den »Tageskosten der ganzen Welt« gleichgesetzt.[74]

1739 wurde Delhi von Nadir Schah von Persien erobert. Eine Erzählung besagt, dass ihm eine Haremsdame verriet, dass der Diamant im Turban des Moguls versteckt sei. Listig schlug der Schah dem Mogul vor, als Symbol ewiger Freundschaft die

256 Der Koh-i-Noor in der Form von 1850. Replikat in Bergkristall aus Idar-Oberstein.

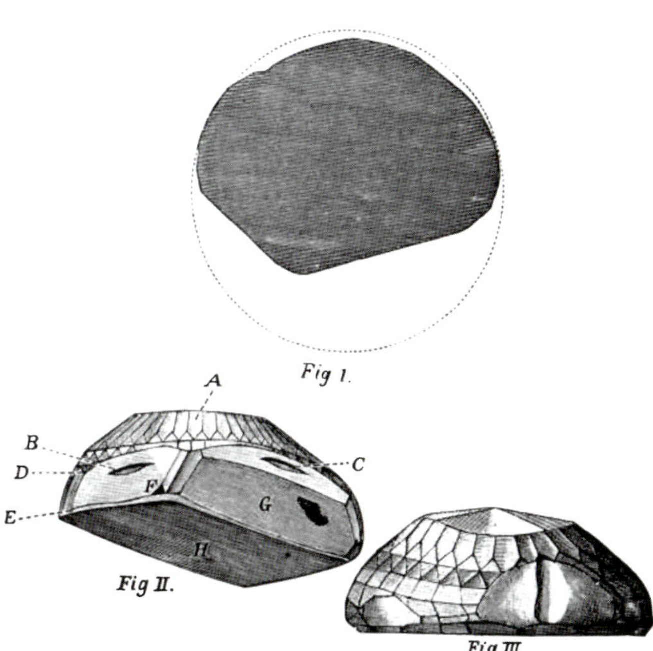

257 Der Indienreisende Jean Baptiste Tavernier fertigte um 1676 diese Zeichnungen an, die wahrscheinlich den Koh-i-Noor darstellen.

258 Auf dieser Aufnahme wird die Größe des Koh-i-Noor anschaulich, die er vor 1852 hatte.

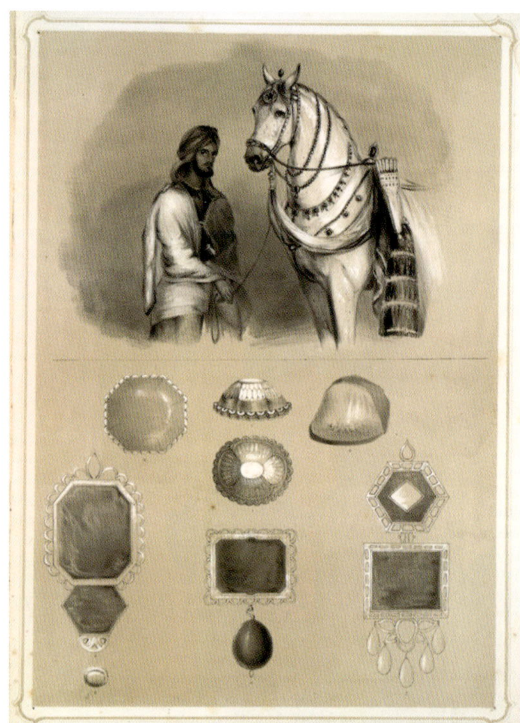

259 Die Schätze von Maharadscha Ranjit Singh, des »Löwen vom Punjab« (1780–1839), in einer Lithografie von Emily Eden. In der Mitte befinden sich zwei Ansichten des Koh-i-Noor, den der Maharadscha dem Afghanischen Emir Shuja Shah Durrani entwendet hatte.[75]

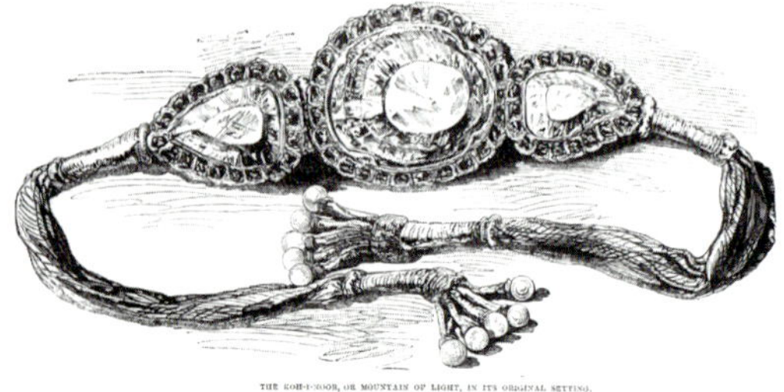

260 In dieser Fassung wurde der Stein 1850 dem Londoner Publikum vorgestellt. Zeitgenössische Zeichnung.[76]

261 Eine heutige Shiva-Statue mit Diamant auf der Stirn, dem »Auge der Erleuchtung«.

Turbane zu tauschen. Das konnte der Mogul ihm nicht abschlagen. Als der Schah den Stein aus dem Turban wickelte, nannte er ihn Koh-i-Noor, Berg des Lichts. Wenige Jahre später wurde Nadir Schah von seinen Offizieren ermordet. Auch die späteren Besitzer des Steins wurden Erzählungen nach vom Unglück verfolgt. Schah Rukh Mirza wurde von seinem Nachfolger Seyd Muhammad gefoltert und geblendet, doch er gab das Versteck des Koh-i-Noor nicht preis. Stattdessen schenkte Rukh Mirza den Stein seinem Befreier Schah Durani. 1793 erhielt dessen Enkel, Zaman Schah, den Diamanten. Doch sein Bruder Shuja-el-Mulk entthronte Zaman und warf ihn ins Gefängnis. Zaman hatte den Stein an seinem Körper verborgen und mauerte ihn im Lehm des Gefängnisses ein, bevor er starb.

Zufällig wurde der Koh-i-Noor im Lehmputz des Kerkers gefunden. Über Afghanistan geriet der Stein wieder zurück nach Indien. 1813 eignete sich ihn Ranjit Singh an, Maharadscha der Sikh. Der »Löwe vom Punjab« ließ den 186 Karat schweren Stein in ein goldenes Armband fassen, das bis 1849 in Lahore verwahrt blieb. Gemäß seinem Vermächtnis von 1839 sollte er einem Hindutempel in Orissa übergeben werden. Doch als Punjab 1849 von Britisch-Indien annektiert wurde, nahm die Britische Ostindien-Kompanie den Stein an sich, als Entschädigung für die Sikh-Aufstände.

Der Koh-i-Noor brachte allerdings auch der Kompanie kein Glück. 1850 schenkte die Ostindien-Kompanie zu ihrem 250-jährigen Jubiläum den Diamanten der britischen Queen Victoria. Die Königin löste die Kompanie aber auf und ernannte sich zur Kaiserin von Indien. Sie ließ den Stein ausstellen, aber das Publikum bemängelte seinen fehlenden Glanz und war enttäuscht.

262 Der Koh-i-Noor in seiner ursprünglichen Form, die er in Indien erhalten hatte (links), und in seiner Form, die er 1852 erhielt (rechts). Die Fotos zeigen zwei in Bergkristall geschliffene Replikate.

263 Nach Maßstäben, die seit etwa 100 Jahren gelten, gelang der Neuschliff nur unzureichend. Vor allem geriet das neue Unterteil, der »Pavillon«, zu flach, um dem Stein das Optimum an Leuchtkraft und Feuer zu geben.

Victoria holte den Diamantschleifer Voorsanger aus Amsterdam und ließ den Stein 1852 in England umschleifen. Anstelle der altindischen Form sollte er einen zeitgemäßen Schliff erhalten, um ihm Glanz und Feuer zu geben. Eine Dampfmaschine war dafür 38 Tage lang im Einsatz. Durch den Neuschliff verringerte sich die Größe von 186 auf 108,93 Karat. 1911 wurde er zentraler Stein der Krone von Queen Mary, 1937 der Krone von Queen Elisabeth, der Mutter der späteren Königin Elisabeth II. Queen Victoria hatte verfügt, dass kein männlicher Erbe den Koh-i-Noor tragen darf, sondern nur die Queen. Damit zog die etwas abergläubische Königin Konsequenzen aus alten Legenden. Danach wurde dem Stein einerseits Heilkraft nachgesagt – Wasser, in das der große Koh-i-Noor getaucht worden sei, sollte angeblich alle Krankheiten heilen, und wer ihn besäße, sei Herrscher der Welt. Doch andererseits drohe dem Besitzer Unheil. Nur eine Frau, so die Legende, dürfe ihn ungestraft tragen. Derzeit erheben Indien, Pakistan, Iran und die Taliban Afghanistans gegenüber der Britischen Krone Anspruch auf den Koh-i-Noor.

Die alten Mythen und Legenden um den Stein sind für die Heutigen oft nur phantasievolle Geschichten. Doch es ist sehr gut möglich, dass der Stein vor dem 14. Jh. tatsächlich in einer Statue des Gottes Shiva als drittes Auge auf der Stirn, als »Auge der Erleuchtung« eingearbeitet war. In gleicher Weise waren in der Vergangenheit und sind auch heute im Hinduismus manche Shiva-Statuen mit einem Diamanten ausgestattet.

Queen Victoria hätte den Koh-i-Noor nicht neu schleifen und dabei fast um die Hälfte seines Gewichts verkleinern lassen müssen, zumal der Neuschliff nicht die optimale Wirkung erbrachte. Es hätte lediglich eines kleinen Kunstgriffs bedurft, um dem Stein die Leuchtkraft zurückzugeben, die er im Kontext von Palast und Tempel in früheren Zeiten offenbar besaß.

Der sagenhafte Glanz des Koh-i-Noor

Die Londoner waren 1850 von dem Stein enttäuscht. Es schien klar, dass die mangelhafte Leuchtkraft nur an dem altmodischen indischen Schliff liegen konnte. Wie hatte ein solcher Stein als »Berg des Lichts« verehrt werden können? »Jahrhundertelang erhellte der Glanz des Steins den von den Priestern eifersüchtig bewachten Tempel«, schreibt Hartmut Jetter.[77] Sind solche Beschreibungen nur beschönigende Legenden?

Bereits die Form, die Tavernier 1676 zeichnete (s. Abb. 259), hatte eine ebene Unterseite und eine facettierte Kuppel. Damit war der Koh-i-Noor dem Großmogul und dem Orlow ähnlich. Diese Form ist für sich genommen der Leuchtkraft eines Diamanten nicht besonders dienlich, die Reflexionsverhältnisse sind ungünstig. Doch möglicherweise gibt es eine einfache Erklärung für die merkwürdigen Widersprüche in der Wirkung des Steins: Die alte indische Form war vermutlich dafür konzipiert, die ebene Unterseite des Steins mit einem Spiegel zu hinterlegen. Die Rekonstruktion dieses Kunstgriffs mit einem Replikat in Bergkristall zeigt ein eindrückliches Ergebnis. Die optische Verdopplung des Steins verändert die Lichtführung so radikal, dass der Lichtaustritt vervielfacht wird. Jetzt zeigt der Stein den Glanz, wie er dem »Auge der Erleuchtung« auf der Stirn Shivas oder dem »Berg des Lichts« gebührt.

Moderne Schliffe benötigen keinen Spiegel, weil dieser durch den »Cut« schon eingearbeitet ist: die Unterseite des Steins ist so geschliffen, dass er das einfallende Licht durch doppelte Totalreflexion zurückwirft. Hätte das englische Königshaus noch 70 Jahre mit dem Umschliff gewartet – der neu erfundene Brillantschliff hätte dem »Berg des Lichts« alle Ehre gemacht.

264 So ähnlich mag der Koh-i-Noor ausgesehen haben, als er 1850 dem Londoner Publikum präsentiert wurde. Er wirkt fast düster.

265 In Indien und Persien war die flache Unterseite des Steins vermutlich mit einem Spiegel hinterlegt gewesen. Durch dieses Konzept konnte der »Berg des Lichts« den Glanz zeigen, der die Menschen jahrhundertelang fasziniert hat. Rekonstruktion mit dem Replikat aus Bergkristall.

11 Brillante Kunstwerke von Menschenhand

Die Steinschleifer und Diamantaires haben jahrtausendelang daran gearbeitet, mit Erfindungsgeist und unendlicher Mühe dem Geschenk der Götter bzw. der Natur gerecht zu werden und es so zu bearbeiten, dass es sein ganzes Potential an Schönheit, Glanz und Feuer entfalten kann. Dreierlei muss zusammenkommen: bestimmte natürliche Qualitäten des Diamanten, der kunstfertige Schliff und das passende Licht.

Über lange Zeit entschieden über den Wert eines Diamanten nur solche Qualitäten, die er von Natur aus mitbrachte. Außer der einzigartigen Härte, die allen Diamanten gemeinsam ist, waren schon im alten Indien maßgeblich: sein Gewicht, seine Farbe, seine Reinheit und seine natürliche Form. Erst seit einigen hundert Jahren spielt auch der Schliff eine Rolle.

Mitte des 20. Jahrhunderts wurden durch das GIA (Gemological Institute of America) Qualitätstandards festgelegt. Die berühmten »4 C« präzisieren die altindischen Maßstäbe, die Naturform ist durch die Schliff-Form ersetzt: carat (Gewicht), color (Farbe), clarity (Reinheit) und cut (Schliff).

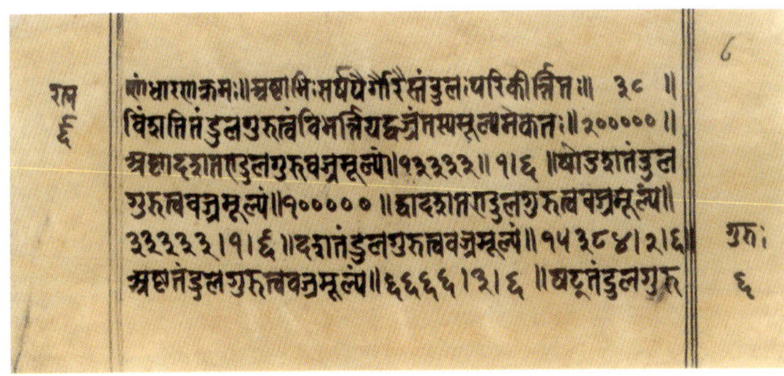

266 Der alte Sanskrit-Text besagt: »Ein Diamant, der 20 Tandula wiegt, hat einen Wert von 200 000 rupaka … wenn ein Diamant all diese Eigenschaften besitzt und auf dem Wasser schwimmt, dann ist dies der begehrteste Stein, der über allen anderen Juwelen steht.[78]

Gewicht (Carat)

Ein Tandula entspricht dem Gewicht eines Reiskorns. Zehn Tandula entsprechen einem Karat. Karat war die Bezeichnung für das Samenkorn des Johannisbrotbaums und die Gewichtseinheit für Edelsteine. Weil die Samenkörner nicht so gleichmäßig ausfallen, wie oft behauptet wurde, ist ein Karat, abgekürzt Kt oder ct, heute auf 0,2 Gramm festgesetzt.

267 Samenkörner aus Carob, der Hülsenfrucht des Johannisbrotbaums. Sie bildeten in der Antike die Gewichtseinheit »Karat« für Diamanten.

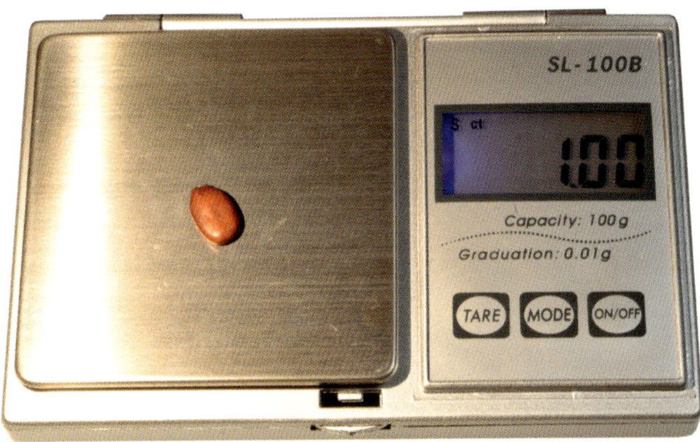

268 Nach heutigem Standard entspricht ein Karat 0,2 g. Die Samenkörner des Carob schwanken zwischen 0,12 und 0,26 g, also zwischen 0,6 und 1,3 ct.

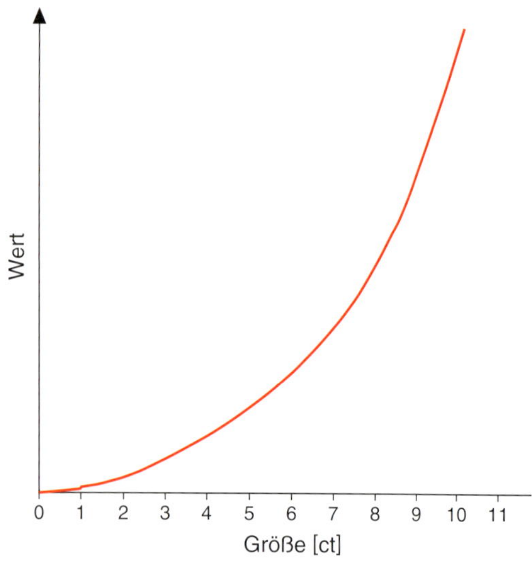

269 Der Wert eines Diamanten wächst exponentiell mit seiner Größe. Der Verlauf ist nicht ganz glatt. Zum Beispiel gibt es einen Sprung von 0,99 ct zum Einkaräter.

270 Der rechte Brillant ist mit 1,80 ct sieben mal so schwer wie der linke. Doch bei gleicher Qualität ist er etwa dreißig mal so teuer.

Der Wert steigt mit der Größe des Diamanten nicht linear, sondern exponentiell. Das entspricht der zunehmenden Seltenheit großer Diamanten. Es ist üblich, das Gewicht auf zwei Nachkommastellen anzugeben. Aufrunden ist nicht gestattet. Nur die dritte Nachkommastelle darf gerundet werden. Das macht sich bemerkbar etwa bei der Ein-Karat-Schwelle: 0,99 ct bleiben 0,99 ct, dagegen kann 0,998 auf 1 ct aufgerundet werden. Der Preis eines Einkaräters ist merklich höher als der unmerklich leichtere Stein.

Farbe (color)

Im alten Indien hatte der Diamant große Bedeutung. *»Die weißen Oktaeder waren dem Gott Indra geweiht, der irdischen Inkarnation von Sturm, Donner und Blitz, die schwarzen Diamanten Yama, dem Totengott.«*[79]

Die Rangordnung der Farben folgte den Kasten der Gesellschaft: *»Der Diamant hat entsprechend seiner Kasten vier Farben. Der Diamant, der den samtigen Glanz des Perlmutts hat, des Bergkristalls, des Mondsteins, ist ein Brahmane (Kaste der Priester). Der, der ein wenig rot ist, affenbraun, schön und rein, wird Kshatriya genannt (Kaste der Krieger). Der Vaisha (Kaste der Geschäftsleute) hat eine glänzende, hellgelbe Farbe. Der Shudra (Kaste der Bauern und Arbeiter) glänzt wie ein blanker Degen: nach seinem Glanz machen ihn Kenner zur vierten Kaste«.*[80]

Der schon erwähnte Inder Buddha Bhatt schrieb in seinem gemmologischen Lehrbuch »Ratna Pariksha«: *»Entsprechend der Farbe nehmen die Götter die Diamanten in Besitz. Die Verteilung der aufgezählten Farben entspricht den Kasten. Die Farben Grün, Weiß, Gelb, Braun, Grau, Kupfrig, alle in ihrem natürlichen Glanz, sind geheiligt BUDDHA, VARUNA, CAKRA, AGNI, YAMA und den MARUT. Der Diamant des Brahmanen muss die Weiße einer Muschel haben«.*[81]

Das Weiß gilt hier für den Diamanten als die höchste der Farben, obwohl die Bezeichnung irreführend ist. Mit »Weiß« meint man auch heute noch farbfreie Transparenz (colorless), während ein milchig-trübes Weiß von geringem Wert ist (s. Abb. 276).

271 Links ein Halbkaräter in Farbqualität E (River, hochreines Weiß), rechts ein Einkaräter in Farbqualität K (faint, getöntes Weiß).

Der höchste Rang von »colorless« galt noch vor einigen Jahren als unumstößlich. Allerdings wurde die Werteskala differenzierter. Die maßgebliche Skala des GIA beginnt die Skala bei D, um Verwechslungen mit anderen Skalen zu vermeiden, die mit A anfangen. Es bedeuten

D–F	colorless
G–J	nearly colorless
K–M	faint
N–R	very light
S–Z	light

Gerne gebraucht werden alte Bezeichnungen wie River (entspricht dem hochfeinen Weiß D und E), Top Wesselton (feines Weiß F und G) oder Wesselton (Weiß H). Die Bezeichnung »River« rührt daher, dass sehr weiße Steine besonders in Flüssen gefunden wurden. »Wesselton« war der Name einer südafrikanischen Mine.

Die Unterschiede in der Farbskala sind so fein, dass es eines geschulten Auges bedarf, um benachbarte Tönungen eindeutig zu unterscheiden.

Außerhalb der genannten GIA-Skala gibt es Diamanten in intensiveren und sehr verschiedenen Farben: in grün, apricot, rosa, pink, gelb, cognac, purpur, orange, braun und blau. Für solche Farbdiamanten hat das GIA ein gesondertes System, das nach Farbton, Helligkeit und Sättigung unterscheidet. Intensität und Seltenheit der jeweiligen Farbe entscheidet über den Wert des Steins.

Während vormals die farbigen Diamanten im Allgemeinen gering geschätzt wurden, haben die »fancy-colors« in neuerer Zeit eine erhebliche Steigerung in der Wertschätzung erfahren, die immer noch anhält und die weißen Steine zum Teil überholt. Vor allem trägt ihre Seltenheit dazu bei. Auf über tausend

272 Ein lupenreiner blauer Brillant. Für die Farbe können Einschlüsse von Boratomen oder natürliche Radioaktivität verantwortlich sein. Die Bewertung eines solchen Steins ist schwierig, weil die Farbgebung künstlich vorgenommen worden sein kann.

Diamanten der weißesten Stufe kommt der Fund eines Fancy-Diamanten der intensivsten Stufe. Eine unliebsame Folge ist, dass manche weiße Steine künstlich gefärbt werden, etwa durch radioaktive Bestrahlung oder durch HPHT (High Pressure and High Temperature). Sie können jedoch in Speziallaboren identifiziert werden.

Die relativ unbeliebte braune Farbe natürlicher Diamanten kann bei einem bestimmten Typ (IIa) durch hohen Druck bei 2000° weitgehend geklärt werden. Solche Manipulationen lassen sich mit dem Transmissionselektronenmikroskop feststellen.[82]

Heutzutage wird die Farbe erst nach dem Schliff bestimmt, da der Rohdiamant oft anders gefärbt ist.

Reinheit (clarity)

Der Kult um den Diamanten im alten Indien drückt sich auch in der Art und Weise aus, in der sich Buddha Bhatt zu seiner Reinheit äußert: *»Wenn sich irgendwo auf dieser Welt ein Diamant bildet, vollkommen transparent, leicht, von schöner Farbe, mit sehr gleichen Flächen, ohne Kratzer, ohne Flecken, ohne Makel, ohne Krähenfuß, ohne Zeichen eines Bruches – habe er auch nur die Größe eines Atoms –, dann ist er in Wahrheit das Geschenk eines Gottes.«*[83]

In Indien hatte der kleinste Fehler des Steins eine Reduzierung des Werts auf ein Zehntel oder Hundertstel zur Folge. Das ergab sich aus seiner okkulten Bedeutung; denn als Schmuckstein spielte der Diamant damals keine Rolle. Heutzutage gelten ähnlich strenge Maßstäbe.

Bei der Entstehung von Diamantkristallen können sich äußerliche Fehler und Einschlüsse unterschiedlicher Art bilden. Dazu können eingebettete Diamantkristalle und Fremdminerale gehören, weiße Spannrisse, Sprünge, Rissbildungen und Spalten.

273 Deutliche weiße Einschlüsse in einem Brillanten.

274 Kleine weiße und schwarze Einschlüsse in einem Brillanten.

275 Zwei extreme Beispiele. Hier ein lupenreiner perfekt geschliffener Brillant in hochfeinem Weiß mit 1,03 ct Gewicht. Nur etwa 100 Steine dieser Größe und Qualität werden in einem Jahr weltweit angeboten.

276 Dieser Diamant bringt zwar zwei Carat auf die Waage. Doch Tausende Piqués (Einschlüsse) und milchige Farbe verderben den Wert Steins.

Zu deren Bewertung hat das GIA eine Skala entwickelt, die von »flawless« bis »included« reicht: Sie gilt bei Begutachtung des Diamanten unter 10-facher Vergrößerung:

FL	Flawless: keine äußeren Fehler oder Einschlüsse erkennbar.
IF	Internally Flawless: keine Einschlüsse erkennbar.
VVS1, VVS2	Very Very Slightly Included: Selbst für den Kenner nur schwer erkennbare Einschlüsse.
VS1, VS2	Very Slightly Included: Nur mit Mühe erkennbare kleine Einschlüsse.
SI1, SI2	Slightly Included: Kleine Einschlüsse.
I1–I3	Included: Augenfällige Einschlüsse, die Transparenz und Brillanz beeinträchtigen.

Ein Stein mit kleinen Einschlüssen (Klasse SI) reduziert die Menge des reflektierten Lichts nur um 1–2 %, was ohne technische Hilfsmittel gar nicht wahrgenommen würde. Dennoch ist ein lupenreiner Stein ein Mehrfaches wert.

Weiße Einschlüsse sind relativ beliebt. Ein Stein mit schwarzen Einschlüssen ist in Indien auch heute noch nicht zu verkaufen, weil man meint, er bringe Unglück. Wir werden den Einschlüssen an späterer Stelle ein eigenes Kapitel widmen, weil sie mehr bedeuten können als nur eine Wertminderung.

Form (cut)

Ursprünglich spielte nur die Form des Rohdiamanten eine Rolle, den man lediglich polierte. »Die Spitzen, die Flächen, die Kanten, der Zahl nach 6, 8, 12, scharf, gleichmäßig, glatt, bilden die natürlichen Eigenschaften des Diamanten«, schrieb Buddha Bhatt und forderte, dass Ecken und Kanten bei einem wertvollen Stein gut ausgebildet sein müssen.[84]

Damit meinte Buddha Bhatt die Oktaederform des Diamanten. Die meisten Rohdiamanten bilden unregelmäßig geformte Aggregate oder haben ungenaue Merkmale. Die älteste Schliffform ist der »Spitzstein«, ein poliertes Oktaeder. Rohdiamanten kristallisieren auch in der Form des Dodekaeders oder des Würfels, doch besonders der Kubus ist meistens uneben und weist äußerst selten Edelsteinqualität auf.

277 Das Oktaeder mit 6 Spitzen, 8 Flächen und 12 Kanten, die Wunschform des Rohdiamanten sowohl im alten Indien wie bei den heutigen Diamantschleifern.

278 Mugeliger Schliff (Cabouchon) und alter Facettenschliff bei Smaragden eines persischen Stockgriffs.

279 Viele Rohdiamanten bestehen aus mehreren ineinandergewachsenen Kristallen. Es ist eine Herausforderung, sie so zu spalten, dass sich Einzelstücke ergeben, die sich schleifen und zu Schmuck verarbeiten lassen.

Für einen Schliff im heutigen Sinne hatte man im alten Indien für das extrem harte Material noch keine Technik. Im Übrigen galt die Naturform als ein Geschenk der Götter, die man nicht wesentlich verändern, sondern nur durch Politur hervorheben wollte. Noch im 14. Jahrhundert, als die Schleiftechnik sich allmählich entwickelte, heißt es im Agastimata, dass nur der vollkommen natürliche Diamant magische Kraft besäße und dass er sie verlöre, wenn er geschliffen würde.[85]

Mugeliger Schliff, der vormals etwa bei Rubin und Smaragd beliebt war (s. der persische Stockgriff Abb. 236), ist beim Diamanten nicht möglich, weil er nicht in allen Winkeln geschliffen werden kann. Der facettierte Cabouchonschliff des Orlow-Diamanten (Abb. 249) und bei der alten Form des Koh-i-Noor (Abb. 262, 264) folgen der begrenzten Anzahl möglicher Schleifebenen.

Um 1330 gab es eine erste Diamantschleiferei in Venedig, das vom 13. bis zum 16. Jh. Handelszentrum zwischen Orient und Europa war, nicht zuletzt für Diamanten. Nachdem Vasco da Gama den Seeweg nach Indien entdeckte, verlor Venedig seine Bedeutung als Handelsplatz. Zentrum des Diamanthandels

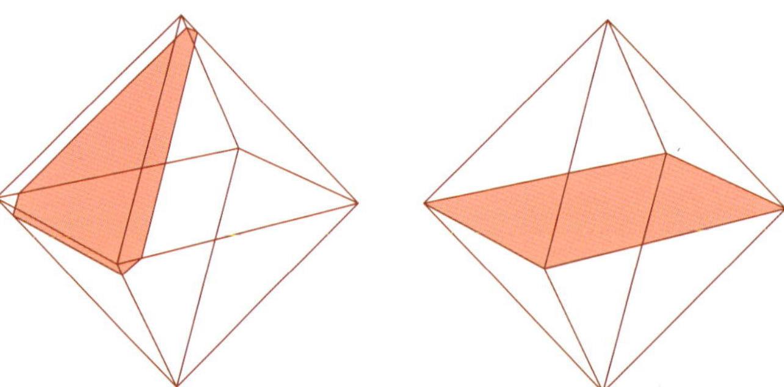

280 Das Spalten geschieht vor allem parallel zu den Oktaederflächen. Gesägt wird vorzugsweise parallel zur Ebene eines Quadrats, das von vier Oktaederecken gebildet wird.

wurde Lissabon, die Schleifer wanderten ab nach Paris und Brügge. In Nürnberg hatte sich schon 1375 eine Zunft der Diamantschleifer gebildet. Seit 1447 gibt es Diamantschleifereien in Antwerpen.

Zu den Verarbeitungstechniken gehört das Spalten, Reiben, Sägen, Schleifen und Polieren, die allmählich vervollkommnet wurden. Anfänglich wurde geschliffen, indem man einen Diamanten an einem anderen rieb. Das als Abrieb entstehende Diamantpulver wurde sorgsam gesammelt. 1476 erfand Louis de Berquen aus Brügge den Diamantschliff an gusseisernen Scheiben. Dazu trug er Diamantstaub mit Öl vermischt auf die Scheiben auf und drückte den zu schleifenden Diamanten gegen die rotierende Scheibe. Die neue Technik wandte er an dem »Sancy« und zwei weiteren großen Diamanten an, die er im Auftrag von Karl dem Kühnen schliff. Als dieser 1477 in den Krieg zog, trug er sie als Talismane bei sich. Doch er fiel in der Schlacht, und die Diamanten wurden entwendet. Später kauften und verkauften die Fugger diese Steine.[86]

Die neue Schleiftechnik fand schnell Nachahmer und ist bis heute im Prinzip die gleiche geblieben. »Doch der Diamant leistet viele Tage lang Widerstand, ehe man sagen kann, es erscheine wirklich etwas von ihm abgetragen worden«, schildert Anselmus de Boodt 1609 die zeitraubende und anstrengende Tätigkeit.[87] Unverzichtbar ist beim Schleifen das »Diamantenbord«, das Diamantenpulver. Der größte Teil des an den Schleifscheiben entstehenden Abriebs verwandelt sich übrigens in den schwärzlichen, weichen Grafit und ist für Schleifzwecke unbrauchbar.

281 Das Sägen geschah vormals mit dünnen Kupferscheiben. Sie wurden in Öl mit Diamantenbord eingetaucht, das bei der Rotation zum Scheibenrand wandert.

282 Papierdünne Scheiben aus Kupfer. Sie als »Sägeblätter« für Diamanten zu verwenden, ist eine der vielen kreativen Ideen in der Kulturgeschichte des Diamanten.

1822 wurde in Amsterdam die erste »Pferdefabrik« gegründet, bei der Pferde im Rundlauf die Schleifscheiben antrieben. Zuvor war der Schleifbetrieb weitgehend Frauensache gewesen. Der Umschliff des Koh-i-Noor in England geschah 1852 in einer eigens eingerichteten Werkstatt mit einer Dampfmaschine mit vier »Pferdestärken«.

Cleaving: Zu den Schwierigkeiten beim Diamantschliff gehört, den oft unförmigen und aus mehreren Kristallen bestehenden Rohdiamanten so zu spalten, dass sich Teile ergeben, die für den Schliff geeignet sind.[88] Mit »Cleavage« wird die Eigenschaft von Mineralen bezeichnet, sich entlang bestimmter Flächen spalten zu lassen. Im Diamantenhandel werden hiermit Rohsteine bezeichnet, die aus mehreren Einzelkristallen bestehen und erst durch Spaltung in schleifbare Teile gebracht werden. Dagegen werden mit »Crystals« solche Rohdiamanten bezeichnet, die bereits eine für den Schliff günstige Ausgangsform mitbringen, insbesondere Oktaeder.

Cleaving ist eine Kunst für sich. Um zu erkennen, wie der Diamant gewachsen ist und sich spalten lässt, sind ein gutes Auge und viel Erfahrung nötig. Spalten ist am ehesten möglich parallel zu einer Oktaederfläche, doch die ist bei unregelmäßig geformten Rohsteinen schwer zu erkennen. Der entscheidende Schlag ist bei großen Steinen riskant, und es ist nachvollziehbar, dass Joseph Asscher nach dem zweiten Versuch, den Cullinan zu spalten, in Ohnmacht fiel. Denn bei einem Fehlschlag kann es passieren, dass der Stein zersplittert.

Oft werden Diamanten nicht mit einem Schlag gespalten, sondern zersägt. Das Sägen erfolgt am besten in der Ebene des Quadrats, das vier Ecken des Oktaeders bilden, oder parallel dazu. Einen Stein zu zersägen, dauerte vormals nicht selten einen Monat. Ein moderner Laser benötigt dafür 15 Minuten. Größere Diamanten werden heute computergestützt geteilt und in Form gebracht.[89]

Für den Schliff ist wichtig zu berücksichtigen, dass sich ein Diamant nicht in allen Richtungen gleich gut schleifen lässt. »Härte 10« ist nur ein grobes Maß. Die Oktaederfläche ist am härtesten, die Würfelfläche am weichsten. 260 Schleifrichtungen sind an einem Oktaeder möglich, etwa von der Spitze eines Dreiecks zur gegenüberliegenden Seite. Andere Richtungen sind zu hart für den Schliff. Deshalb waren der Formgebung Grenzen gesetzt. Heutige Lasertechnik dagegen hat die Möglichkeiten der Formgebung erweitert.

Sechshundert Jahre lang haben Diamantschneider daran gefeilt, Schliff-Formen zu finden, die das Potential des Diamanten am besten zur Geltung bringen. Ein entscheidender Schritt war die Erfindung des Brillantschliffs 1919 durch den Belgier Marcel Tolkowsky. Auf mathematisch-physikalischer Grundlage entwickelte er aus dem »Altschliff« des 19. Jahrhunderts einen Schliff, der Brillanz, Leuchtkraft und Feuer maximiert.

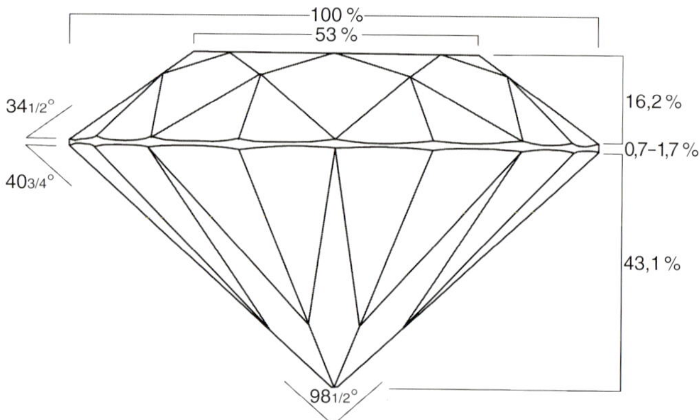

283 Proportionen und Winkel des Brillanten nach Marcel Tolkowsky 1919.

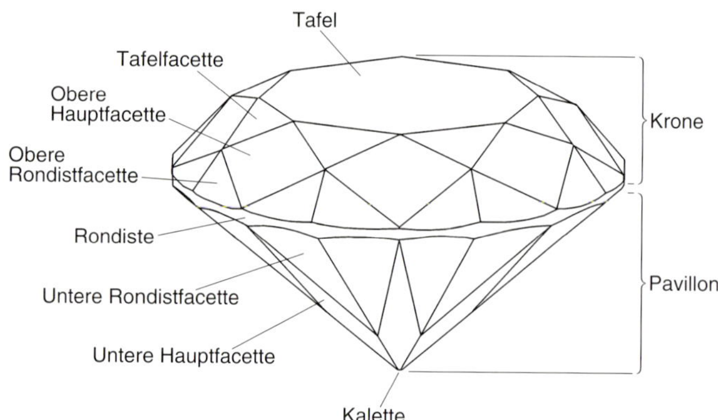

284 Bezeichnung der Facetten beim Brillanten.

Das heißt, er ließ den Diamanten im höchsten Grade glitzern, das Licht reflektieren und die Spektralfarben zeigen. Die Bezeichnung »Brillant« leitet sich aus dem Griechischen her, wo sie »glänzend« bedeutet. Auch der Beryll und die Brille haben die gleiche Wortherkunft.

Der Brillantschliff gewährleistet in seinen Proportionen und Winkelverhältnissen ein hohes Maß an Materialausbeute und Feuer. Abweichungen verringern die Qualität, eine zu große Tafel beispielsweise verringert das Farbenspiel. Ist der Pavillon zu tief oder zu flach, tritt seitlich zu viel Licht aus.

Diese oder eine leicht abgewandelte Form haben heute 95 % aller geschliffenen Diamanten. Als Rohsteine werden bevorzugt solche in Oktaederform verwendet.

Zuerst wird das Oktaeder halbiert, indem es entlang einer der vier Quadratflächen durchgesägt wird. So erhält man die Ausgangsform für zwei Brillanten. Oft wird stattdessen die Spitze des Oktaeders entfernt, um einen einzelnen größeren Brillanten zu fertigen. Die Tafel wird angelegt, am Ober- und Unterteil werden jeweils die ersten vier Ecken geschliffen, der Stein wird rondiert. Die Hauptfacetten werden angelegt, dann wird brillantiert, d.h. die übrigen Facetten werden aufgebracht. Der klassische Brillantschliff hat 56 Facetten, die Tafel und eventuell die Kalette. Letztere nimmt dem Pavillon die Spitze, um der Gefahr einer Absplitterung vorzubeugen. Alle Proportionen und Winkel müssen stimmen, die Scheitelpunkte von Winkeln müssen sauber aufeinanderstoßen, Facetten müssen sich exakt gegenüberliegen.

Neben dem Brillanten gibt es eine Reihe anderer etablierter Formen vom Oval- bis zum Marquise-Schliff. Teils werden sie bei Begutachtung des Rohdiamanten danach gewählt, für welche Form bzw. Formen der Stein am ergiebigsten ist, teils nach einer bestimmten Zielvorstellung. Der Brillantschliff lässt den Diamanten glitzern. Der Smaragdschliff bringt die Reinheit des Steins zur Geltung.

Neben den traditionellen Schliffarten gibt es seit einigen Jahren den Royal 201 mit 201 Facetten, der noch mehr Feuer zeigen soll als der Brillant, den »Context« und den »Spirit«. Die beiden Letztgenannten verzichten auf eine Tafel, die bei den gängigen Schliffarten für selbstverständlich gilt. Der Context entwickelt die Oktaederform zu einem Stein mit einer Leuchtkraft, die die des Brillanten übertrifft und zugleich eine Rückbesinnung auf den Kontext des ursprünglichen Rohdiamanten enthält, wie ihn die Inder schätzten. Der Spirit setzt das Prinzip in einer gerundeten Form fort und hat, wie physikalische Messungen ergeben haben, eine noch höhere Reflexionsfähigkeit.

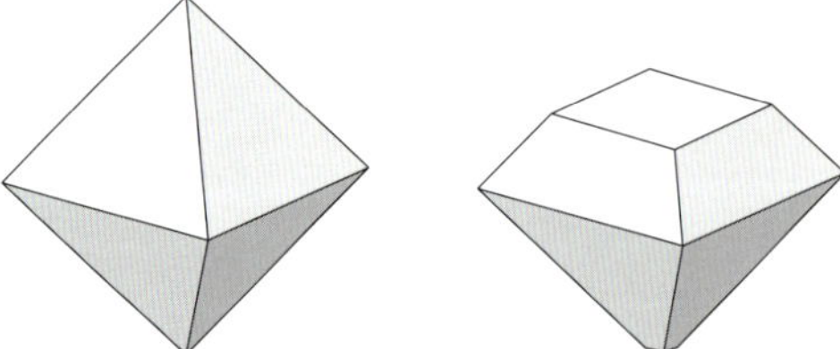

285 Vom »Spitzstein« zum »Dickstein« – der erste Schritt vom Oktaeder zum Brillanten.

286 Die abgetrennte Kappe eines Oktaeders. Heutzutage werden solche Trennungen weitgehend mit dem Laser durchgeführt.

287 Die Phasen des Brillantschliffs: 1. rondiert mit Anschnittfacette, 2. Ecken, 3. Hauptfacetten, 4. Brillant.

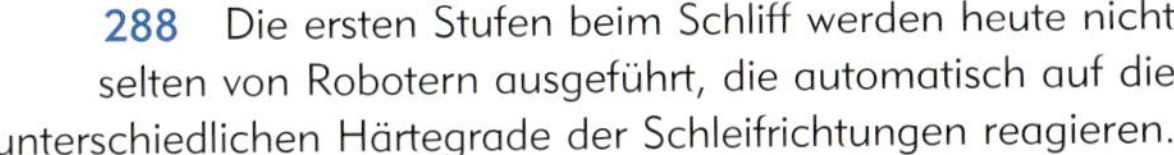

288 Die ersten Stufen beim Schliff werden heute nicht selten von Robotern ausgeführt, die automatisch auf die unterschiedlichen Härtegrade der Schleifrichtungen reagieren.

289 Wenn der Stein rondiert ist, wird er für den weiteren Schliff in den »presspot« eingespannt.

290 Vormals wurden die Steine für den Schliff in eine »Doppe« aus Blei oder Zinn eingedrückt. Im Mittelalter kittete man den Rohdiamanten für die Bearbeitung an das Ende eines Holzstabs.

291 Die Bleimethode wird heute noch gern bei ausgefallenen Schliffen verwendet.

292 Die Facetten werden immer noch von Hand geschliffen. Der Diamant wird auf ein Schleifrad gedrückt, das mit bis zu 6000 U/min rotiert. Jede Facette erfordert zahlreiche Schleifaktionen von jeweils nur einigen Sekunden Dauer. Bei fehlerhaftem Schleifen, etwa unter unzulässigen Winkeln, kann ein Diamant rotglühend werden und »burnmarks« bekommen, d. h. blinde Stellen. Aus gleichem Grund nimmt ein Goldschmied den Diamanten beim Einfassen »nicht mit ins Feuer«.

293 In kurzen Zeitabständen wird der Schleiferfolg mit der Lupe geprüft. Je nach Ausrichtung des Diamanten ist der Härtegrad unterschiedlich und geht der Schliff rascher oder langsamer vonstatten.

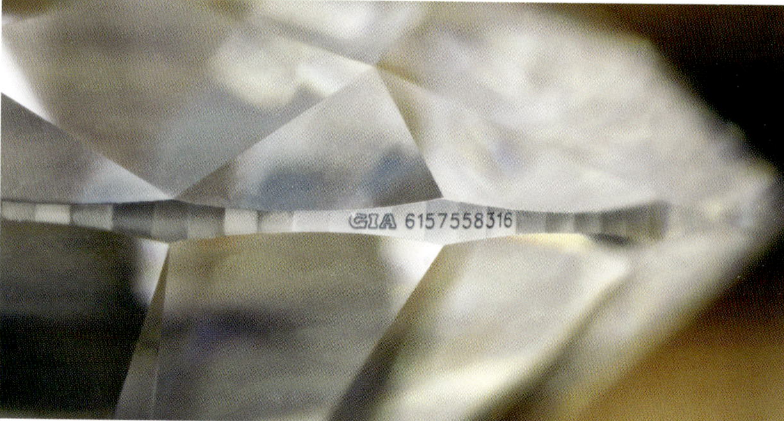

295 Gravierungen in Diamant waren vormals sehr selten und bedeuteten eine ungemein langwierige Arbeit (s. den Schah-Diamanten Abb. 245). Heute werden viele Diamanten mikroskopisch fein mittels Laser graviert, so dieser vom GIA in der Rondiste mit der Zertifikatnummer gekennzeichnete Brillant.

294 Historische Werkstattszene.
Nicht selten springt einer der Winzlinge bei der Bearbeitung davon.
»Der größte Teil der Arbeitszeit spielt sich auf dem Fußboden der Werkstatt ab«, bemerkt ein erfahrener Diamantair trocken.

296 Gängige Schliff-Formen des Diamanten: 1, Brillant; 2, Oval; 3, Tropfen (Pear Shape); 4, Herz; 5, Trillant; 6, Marquise (Navette); 7, Triangel; 8, Smaragd (Emerald); 9, Carrée (Square); 10, Baguette.

297 Ansichten eines perfekten Brillanten.

298 Auf-, Unter- und Seitenansicht des »Context«.

299 Auf-, Unter- und Seitenansicht des »Spirit«.

Licht

Die natürlichen Eigenschaften und der Schliff des Diamanten bringen seine Ästhetik nur durch das Zusammenspiel mit dem einfallenden Licht zur Geltung. Kein anderes Material ist so klar und so transparent wie der Diamant. Er lässt in seiner hellsten Farbe und Reinheit alle Wellenlängen des Lichts passieren. Seine Oberflächen reflektieren innen wie außen das einfallende Licht optimal, was seine Leuchtkraft ausmacht. Der Brechungsindex ist mit 2,439 sehr hoch, was für die Dispersion des Lichts und damit für das Feuer seiner Farben entscheidend ist.

Die Leuchtwirkung des Brillantschliffs geht auf den »Katzenaugeneffekt« zurück. Die Augen von Katzen leuchten nicht von sich aus im Dunkeln, vielmehr reflektiert das in die Augen einfallende Licht an einer spiegelnden Ebene hinter der Schicht

300 Den Schliff eines Diamanten kann man wie bei den vorangegangenen Aufnahmen am besten bei diffuser Beleuchtung erkennen. Wird er dagegen von gerichteten Lichtquellen beleuchtet, etwa von Halogen- oder LED-Strahlern, wird der Cut des Diamanten fast unkenntlich. Dafür sprüht sein Feuer umso mehr.

301 Hier ist es nur *ein* Lichtstrahl, der auf den Brillanten gerichtet ist. Er antwortet mit einem Feuerwerk von Farben.

302 Das Feuer des Brillanten kommt durch die Dispersion einfallenden Lichtes zustande. Es wird wie beim Prisma in seine Farbbestandteile zerlegt. Zur Erzeugung dieses Phänomens sind gerichtete Lichtquellen am wirkungsvollsten. Bei diffusem Licht überlagern sich die Farben zu Weiß. Man vergleiche mit Abbildung 190, S. 65 zur Spektralzerlegung in einem Regentropfen.

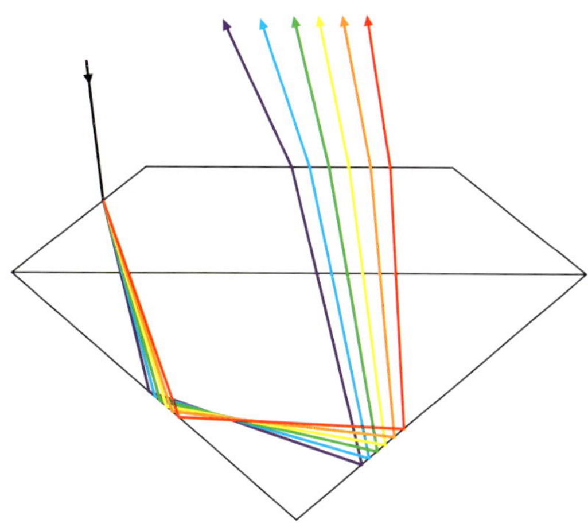

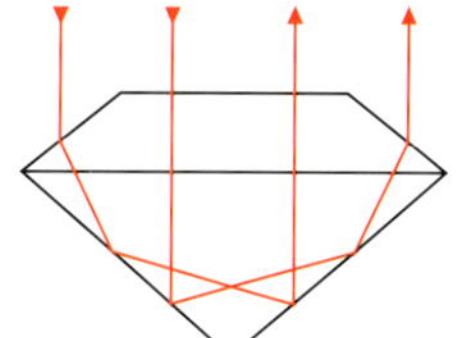

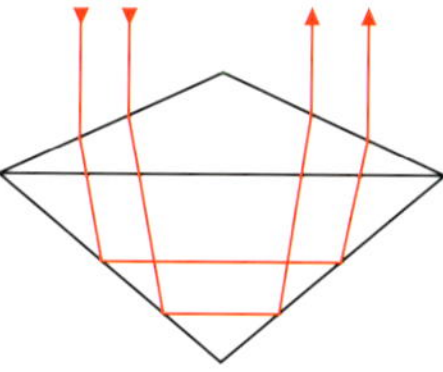

303 Das Leuchten des Brillanten (links) geht darauf zurück, dass das einfallende Licht nach zweifacher Totalspiegelung im Diamanten wieder zurück reflektiert wird. Das funktioniert auch bei diffuser Beleuchtung. Die Leuchtkraft ist gemäß Messungen des Fraunhofer IOF Jena noch höher beim Context- und Spirit-Schliff (rechts), dafür ist beim Context das Farbenspiel schwächer.

der Lichtrezeptoren und tritt teilweise durch die Pupille wieder aus. Beim Brillanten ist die »Pavillon« genannte Rückseite so geschliffen, dass das in die Krone einfallende Licht nach Doppelreflexion im Diamanten durch die Tafel zurückgestrahlt wird.

Die Facetten sorgen dafür, dass das Licht vielfach gebrochen, gespiegelt und in seine Spektralfarben zerlegt wird. Dadurch entsteht der optische Effekt, der als das »Feuer« bezeichnet wird, bestärkt durch das Funkeln, das sich bei Bewegung ergibt.

12 Die Herkunft der Diamanten

Fundorte und Handel

Über Tausende von Jahren spekulierte man darüber, woher Diamanten letztlich stammen und wie sie entstehen. Bis ins 19. Jh. war Indien das einzige bekannte Ursprungsland. Schon 400 v. Chr. wurden dort in Golconda Diamanten gefördert. In der Antike wurden auch Äthiopien, Mazedonien und Zypern als Fundorte genannt, doch hatten es wohl Händler dorthin gebracht. Der Grieche Metrodoros von Skepsis meinte um 100 v. Chr., der Diamant komme auch in Germanien vor, und zwar »auf der Insel Basilia, auf der es auch den Bernstein gibt.«[91]

Wiederholt wurden manche Diamanten als »Goldknoten« bezeichnet, weil sie angeblich zusammen mit Gold gefunden werden. Tatsächlich ist dieses Zusammentreffen sehr selten. Es kam in Brasilien vor, das nach Indien bis ins 19. Jh. führend in der Diamantförderung war. Im Ural wird der Diamant zusammen mit Gold in Sedimenten gefunden.

304 Ruinen der Festung von Golconda. (Quelle: Michael Gunther).

305 Goldnugget aus Alaska. Entgegen der verbreiteten Behauptung, dass Diamanten zusammen mit Gold gefunden werden, trifft dies nur stellenweise zu.

306 Ein ungeschliffener »Carbonado« sieht aus wie ein Stück Kohle. Doch er beweist seine wahre Natur durch seine Härte.

Zu Anfang des 17. Jahrhunderts waren allein am Fluss Krishna 30 000 Arbeiter mit der Diamantgewinnung beschäftigt. Als die indischen Fundorte allmählich versiegten, wurden zufällig Diamanten in Brasilien entdeckt. Sie waren erstmals 1725 am Rio dos Marinhos von Goldwäschern gefunden worden. Nichts ahnend benutzten sie die hellen Steinchen als Spielmarken beim Kartenspiel, bis ihr wahrer Wert erkannt wurde. 1764 wurde ein Stein von 1680 ct gefunden, »Braganza« genannt. Nach dem 1. Weltkrieg waren einigen Zeit lang schwarze »Carbonados« beliebt, die in Brasilien gefunden wurden. 1895 wurde solch ein schwarzer Diamant mit 3078 ct Gewicht gefunden. Die Diamantgewinnung war in Brasilien Sklavenarbeit. 1853 erhielt ein Sklave die Freiheit und lebenslange Pension, nachdem er einen bläulichen Rohdiamanten von 261,88 ct Gewicht gefunden hatte. Nach dem Schliff wog der »Estrêla do sul« – Stern des Südens – immer noch stattliche 128,80 ct. Bis etwa 1870 dominierte Brasilien die weltweite Diamantenproduktion.[92]

307 Das »Big Hole« in Kimberley. Der Krater eines vulkanischen Schlotes, freigelegt durch Schürfarbeiten. Die ehemalige Fundstelle für Diamanten ist seit 1914 geschlossen.

1866 fand ein fünfzehnjähriger Junge auf der Farm der Brüder de Beers in Südafrika am Ufer des Oranjeflusses einen weißen Kieselstein. Die Familie des Finders verschenkte den Stein, der sich als 21 Karat schwerer Diamant entpuppte. Er wurde später zum »Eureka« geschliffen (s. Abb. 251). Ein Rush auf Diamanten setzte ein, die Brüder de Beers versteigerten Claims, im Übrigen hatten sie nichts von der nun folgenden Entwicklung eines Diamantenkartells außer der Ehre, dass es ihren Namen trug. Um 1873 annektierte England das Gebiet

308 Die meisten der geförderten Diamanten sind klein und nur für industrielle Zwecke wie Schleifen und Bohren interessant. Hier eine Ansammlung von ca. 1 mm großen Kristallen.

309 Der sibirische Udatschnaja-Tagebau im größten Diamantvorkommen Russlands. Für den spiralförmigen Weg vom Grund dieser Kimberlitmine bis zum Rand braucht ein LKW zwei Stunden. (Foto: Alexander Stapanov).

und nannte es nach dem damaligen Gouverneur »Kimberley«. Durch die Grabungen entstand das berühmte »Big Hole«. Es lag über der »Kimberley Pipe«, nach der auch die später in Sibirien, Australien und Kanada gefundenen Primärlagerstätten benannt wurden.

Außer in den Pipes werden Diamanten auf dem Meeresgrund, in Flussbetten, Wäldern und Savannen gefunden. Vor der Küste Namibias und Südafrikas gibt es Lagerstätten von Diamanten in Sedimenten, die durch Auswaschung vulkanischen Materials entstanden sind.

Im Kongo und in Australien werden hauptsächlich Industriediamanten gefunden.

In der Nabib-Wüste ist der Anteil an schmuckfähigen Diamanten sehr hoch.[93] In Lesotho werden besonders große und hochwertige Diamanten in 3100 m Höhe gefunden. Die meisten Diamanten über 10 Karat stammen von diesem höchstgelegenen Fundort der Welt.

Einer der größten in jüngster Zeit gefundene Diamant ist der »Lesotho Promise«. 2006 entdeckt, hatte der Stein ursprünglich 603 Karat Gewicht und eine sehr helle Farbe. Er wurde in 26 Steine zwischen 76,41 und 0,52 Karat gespalten und

»Blutdiamanten«

Von manchen Herrschern in Afrika wurden Diamanten zur Finanzierung von Kriegen verwendet (»Blutdiamanten«). In den Medien wurde dies in Zusammenhang mit Meldungen über das Supermodel Naomi Campbell thematisiert. Sie erhielt 1997 nachts ein Säckchen mit Rohdiamanten gebracht, wie es hieß, von Liberias Expräsident Charles Taylor. Angeblich erkannte sie nicht Bedeutung und Wert der »schmutzigen kleinen Steinchen«. Taylor soll die grausamen Rebellen »Revolutionäre vereinigte Front« im Nachbarland Sierra Leone mit Waffen unterstützt und dafür Diamanten erhalten haben. 2012 wurde er in Den Haag wegen Kriegsverbrechen verurteilt.

Um den Handel mit »Blutdiamanten« zu unterbinden, formierte sich 2003, von den UN unterstützt, der Kimberley Process, dem sich 75 Staaten angeschlossen haben. Er verlangt weltweit die Einführung von Ursprungszeugnissen für Rohdiamanten. Damit sollen »Blutdiamanten« zur Finanzierung von Bürgerkriegen verhindert werden. Gegen Diamanten mit fragwürdiger Herkunft haben die UN ein Embargo verhängt.

310 Briefmarken aus Diamanten-Förderländern.

geschliffen. 2015 wurde in der Karowe-Mine in Botswana ein Diamant von 1109 ct gefunden, der zweitgrößte Diamant überhaupt. Der rein weiße Stein misst 65 × 56 × 40 mm. Bei Drucklegung dieses Buches war noch nicht entschieden, ob auch dieses Stück gespalten oder zu einem einzigen Stein geschliffen werden soll.

De Beers, von Cecil Rhodes gegründet, entwickelte 1869 ein Monopol im Diamantenhandel, das bis kurz vor dem Millenium anhielt. Bis 2015 ist der Anteil von de Beers auf 35 % gesunken. Der Wert der jährlich geförderten Rohdimanten betrug 2015 13,9 Mrd. $, etwa die Hälfte kam aus Afrika, 31 % aus Russland, 12 % aus Kanada, der Rest aus Australien, Brasilien, Venezuela, Indien u. a.

Herkunft aus der Unterwelt

Im alten Indien herrschte der Glaube, dass Diamanten im Gestein entstünden, und dass sie auch in abgebauten Gebieten nachwüchsen. Diese Annahme hatte eine gewisse Berechtigung. Dort, wo der Diamant aus hartem Gestein herausgeschlagen werden musste, half an der Oberfläche auch die natürliche Verwitterung. Daher konnte es sich lohnen, Jahrzehnte später an gleicher Stelle erneut zu suchen.[94]

Konrad von Megenberg (1307–1374) meinte im Sinne der antiken Elementenlehre: »*Die Meister sagen, dass die Steine in der Erde wachsen aus dem Erdendunst und aus der Feuchtigkeit, die in den Erdadern und ihren Höhlungen eingeschlossen ist, da in den Dünsten und in der Feuchte die vier Elemente gemischt sind, Feuer, Luft, Wasser und Erde …*«[95]

Der Ritter John Mandeville schrieb 1357/72, dass der indische Diamant ähnlich Eis in starkem und beständigem Frost entsteht. Georg Agricola, Begründer der Mineralogie, meinte in seinem Buch De Natura Fossilium 1558, dass der Diamant aus einer ähnlichen Substanz entstehe wie der Bergkristall, nur dass er durch Kälte stärker verdichtet sei.[96]

Heute weiß man, dass die primären Lagerstätten von Diamanten Vulkanschlote sind. Die Steine kommen dort typischerweise zusammen mit dem »Kimberlit« vor, einem magmatischen Gestein, das die Schlote auskleidet. Kimberlit erodiert an der Oberfläche und gibt so die Diamanten frei. Amorphe Kristalle können leicht zerbrechen, woraus sich eine Auslese der »guten« Kristalle ergibt. So kann sich in noch unerschlossenen

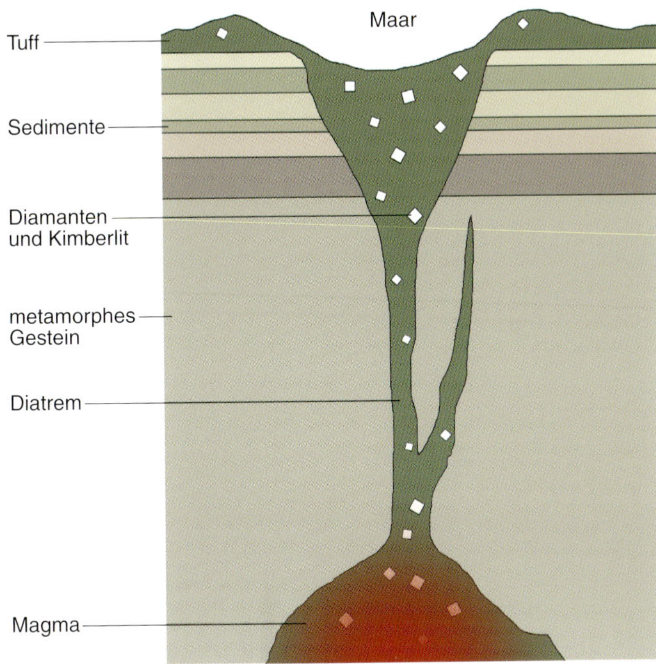

311 Querschnitt durch eine Pipe (Diatrem, Kimberlitröhre).

Fundgebieten bereits an der Oberfläche und in Flussläufen eine relative Häufung hochwertiger Rohdiamanten ergeben.

Inzwischen hat die Wissenschaft begründete Vorstellungen über die Entstehung von Diamanten. Sie kommen aus magmatischen Zonen in 150 bis 800 km Tiefe. Dort herrschen Temperaturen von 900–1300 °C und Drücke von über 4,5 Gigapascal. Das ist ein 45-fach höherer Druck, als er in den tiefsten Meeresgräben herrscht. Frühe Versuche, Diamanten künstlich herzustellen, scheiterten vor allem daran, mit technischen Mitteln den notwendigen Druck zu erzeugen.

Ein Ort des natürlichen Geschehens sind die Subduktionszonen, Bereiche im Erdmantel, in denen sich Ozean- und Kontinentalplatten übereinander schieben. Unter den dortigen extremen Bedingungen wird der Kohlenstoff, der sich im Magma befindet, zu Diamantkristallen.

Radioaktive Altersbestimmungen haben gezeigt, dass Diamanten in drei geologischen Zeiträumen entstanden sind: vor 3,3 Mrd. Jahren, vor 2,9 Mrd. und vor 1,9 Mrd. Jahren, danach nicht mehr. Es ist ungeklärt, warum das so ist. Möglicherweise

312 Rohdiamant auf Kimberlit.

hat sich die Zusammensetzung des Erdmantels vor 1,9 Mrd. Jahren so verändert, dass keine neuen Diamanten mehr entstehen können.[97]

Zur Erdoberfläche befördert wurden die Diamanten erst recht spät. Sie sind zusammen mit dem Kimberlit vor 70–140 Mio. Jahren bei Vulkanausbrüchen aufgestiegen. Deshalb dient der Kimberlit als Leitgestein bei der Suche nach Diamantenfundstätten.

Die Kimberlitröhren sind mit Trümmergestein gefüllt, was von der Heftigkeit der vulkanischen Ausbrüche zeugt. Die Diamanten

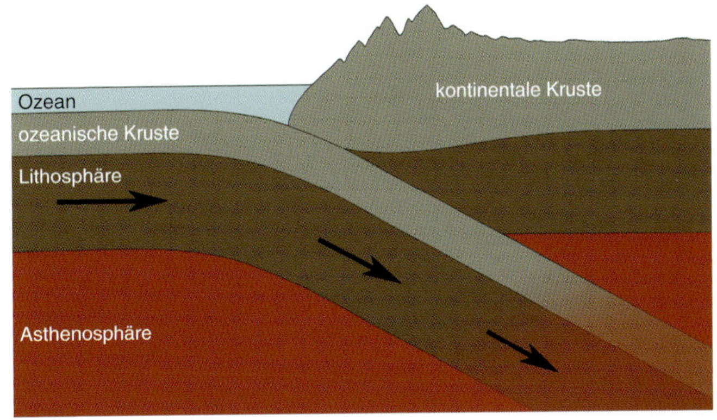

313 Subduktion. Die abtauchenden Ozeanplatten nehmen organisches Material mit in die Tiefe, das in den Meeren ausgefällt wurde. Solches Material gehört zu den Lieferanten für den Kohlenstoff, aus dem sich unter den Kontinentalplatten Diamanten gebildet haben.

aus der Tiefe wurden durch die Pipes mit doppelter Schallgeschwindigkeit herausgepresst. Die Geburt von Diamanten war demnach mit gewaltigem Lärm verbunden. Bei geringerer Geschwindigkeit beim Aufstieg durch die Vulkanschlote verwandelt sich der Diamant bei über 500 °C in Ruß oder Grafit.[98] So ist zu erklären, warum Diamanten nicht in jeder vulkanischen Lava zu finden sind.

Fossiles Leben als Ursprung des Diamanten?

Im alten Indien schrieb Agastya über den Ursprung des Diamanten. Danach opferte sich der große Asura Bala. Ein Blitz fuhr in sein Haupt und ließ Berge von Steinen entstehen, darunter zuerst den Diamanten.[99] So phantasievoll diese Legende ist, enthält sie doch ein Körnchen Wahrheit: der Diamant ist möglicherweise zum Teil aus Material entstanden, das einstmals lebendig war.

Kohlenstoff macht nur 0,09 % der Masse auf der Erde aus, er ist aber aufgrund seiner Bindungseigenschaften ein wichtiges Element für alle Lebensvorgänge. Alle organischen Substanzen sind Kohlenstoffverbindungen.

Über die Genese des Diamanten im Erdmantel gibt es drei Hypothesen:

1 Eisensulfid und Kohlendioxid reagieren miteinander und gehen über in Eisenoxid, Schwefel und den Kohlenstoff, aus dem die Diamanten entstehen.

314 Steinkohle ist aus fossilen Pflanzen in Karbon und Perm entstanden. Sie besteht wie der Diamant im Wesentlichen aus Kohlenstoff.

2 Bei der Reaktion von Eisenoxid mit Kohlenmonoxid wird der Kohlenstoff frei.

3 Durch chemische Veränderungen von Kohlenwasserstoffen wird der Kohlenstoff unter gleichzeitiger Entstehung von Wasser freigesetzt.[100]

Manches spricht für die dritte Hypothese. Große Mengen Kohlenstoff wurden durch frühe Lebensformen im Meer gebunden, die abgestorben auf den Meeresgrund sanken. Ablagerungen aus der Kreidezeit liefern den Grundstoff für das heute geförderte Erdöl und Erdgas. Steinkohle besteht aus fossilen Pflanzen aus Karbon und Perm. Auch der Kohlenstoff im Erdmantel stammt zumindest zum Teil aus organischen Ablagerungen, also von fossilen Lebewesen, allerdings aus wesentlich älterer Zeit bis hin zum Präkambrium. In den Subduktionszonen von Kontinentalplatten ist das Material in den oberen Erdmantel abgetaucht und unter dem dort herrschenden hohen Druck zu Diamanten kristallisiert.

Schon Justus von Liebig (1803–1873), der den Diamanten erstmals als Kohlenstoff beschrieb, meinte, der Diamant sei ein Produkt abgestorbener Lebewesen. »Man weiß gewiss, dass er seine Entstehung nicht dem Feuer verdankt, denn hohe Temperatur und Gegenwart von Sauerstoff sind mit seiner Verbrennlichkeit nicht vereinbar; man hat im Gegenteil überzeugende Gründe, dass er auf nassem Wege, dass er in einer Flüssigkeit sich gebildet hat, und der Verwesungsprozess allein gibt eine bis zu einem gewissen Grad befriedigende Vorstellung über seine Entstehungsweise.«[101]. Hierbei ist noch nicht die Möglichkeit bedacht, dass der Diamant in großer Hitze tief im Erdinnern entstehen könnte, wo es keinen freien Sauerstoff gibt.

In Kapitel 14 und 16 werden wir uns weiter mit dem Rätsel der Entstehung von Diamanten beschäftigen, denn viele Fragen sind noch offen.

13 Diamanten in der Welt des Allerkleinsten

Wenn man das Zustandekommen und die Eigenschaften des Diamanten verstehen will, muss man sich gedanklich in den Mikrokosmos der Atome und Moleküle begeben.

Diamant besteht wie Grafit aus reinem Kohlenstoff. Wir kennen Grafit als pulverförmigen Schmierstoff und als Bestandteil in Bleistiftminen. Er ist sehr weich und reibt sich leicht ab. Aus diesem extrem weichen Material kann der extrem harte Diamant entstehen. Wie kann man sich diese Umwandlung vorstellen?

315 Grafit und Diamant sind zwei Kristallisationsformen des Kohlenstoffs. Eine Bleistiftmine besteht aus einer gebrannten Mischung von Grafit und Ton. Der Anteil an Ton bestimmt die Härte der Mine.[102]

Grafit

Bei Grafit kristallisiert der Kohlenstoff in Ringen von je sechs Atomen in einer Ebene. Hierbei sind die Atome kovalent verbunden, d. h. über gemeinsame Elektronen. Diese Bindung ist recht stark. Die Ebenen untereinander dagegen sind nur lose über sog. Van-der-Waals-Kräfte gebunden. Diese entstehen durch die Elektronenbewegungen und lassen die Kohlenstoffatome zeitweise zu Dipolen werden. Zwischen den Dipolen der Grafitebenen kommt es zu einem Gleichgewicht aus Anziehung und Abstoßung. Da die Van-der-Waals-Kräfte relativ schwach sind, lassen sich die Ebenen leicht gegeneinander verschieben. Daraus ergeben sich die Gleitfähigkeit und der leichte Abrieb beim Grafit.

317 Zwei Ansichten eines Grafit-Moleküls. Die kovalenten Bindungen sind hellgrau dargestellt, die Van-der-Waals-Kräfte violett.

316 Kohlenstoffring bei Grafit.

Diamant

Bei einem Druck von über 2 Gigapascal werden die Ebenen des Grafits zusammengepresst und formieren sich neu. Ein Diamantkristall entsteht. Der Vorgang wird durch Temperaturen von über 1500 °C beschleunigt. Beide Bedingungen sind im Magma des Erdmantels gegeben. Die Sechsringe des Kohlenstoffs verformen sich, es bilden sich kovalente Bindungen in allen drei Raumrichtungen. Hierdurch erhält die neu entstandene Kristallstruktur ihre enorme Härte. Allerdings entstehen auf diese Weise nur Mikrodiamanten. Größere Exemplare verlangen eine andere Erklärung.

Das Kristallsystem des Diamanten ist kubisch, das heißt, seine Geometrie folgt würfelförmigen Elementarzellen, wie 1913 erstmals entdeckt wurde. Aus der Elementarzelle geht der Aufbau des Kristalls hervor, auch seine Spaltbarkeit. Die Kristalle können sich je nach Bedingungen zu Oktaedern entwickeln, zu Rhombendodekaedern, zu Würfeln oder zu Tetraedern.

Die unterschiedlichen Kristallformen von Diamant und Grafit haben ihre Ursache darin, dass die Orbitale der äußeren Elektronen des Kohlenstoffs, d. h. die Räume ihres wahrscheinlichen Aufenthalts, verschiedene Orientierungen annehmen können. Bei der Grafitstruktur liegen bei jedem Kohlenstoffatom drei Orbitale in einer Ebene in Winkeln von 120°. Die freien Elektronen absorbieren Licht, so dass Grafit tiefschwarz erscheint. Bei der Diamantstruktur bilden vier Orbitale ein Tetraeder und liegen in Winkeln von 109,5° zueinander. Bei dieser Struktur gibt es

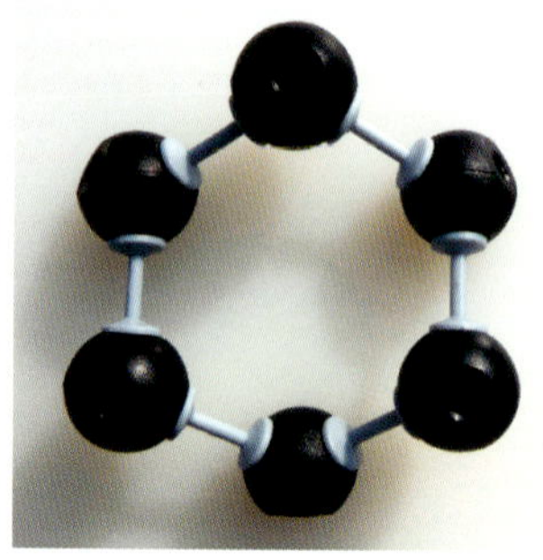

318 Gewellter Kohlenstoffring (Sessel-Konformation) beim Diamanten.

319 Beim Diamanten ist jedes Kohlenstoffatom mit vier anderen kovalent zum Tetraeder verbunden. Diese Raumstruktur ist sehr stark.

320 Zwei Ansichten eines Diamant-Moleküls, das eine Oktaederstruktur erkennen lässt.

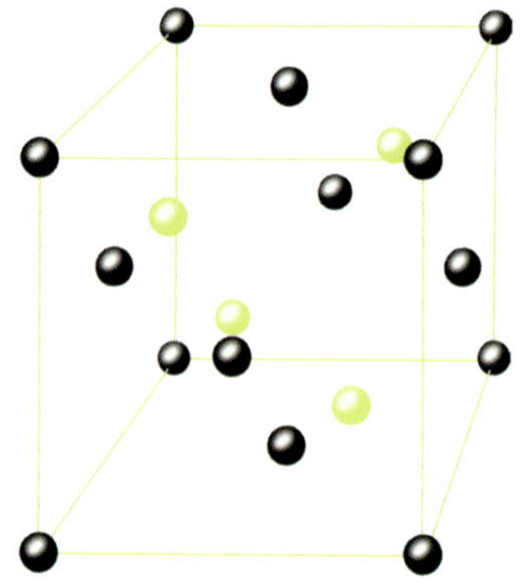

321 Die »Elementarzelle« des Diamanten. Sie besteht aus 18 in einen Würfel einbeschriebenen Kohlenstoffatomen. 8 Atome bilden die Ecken des Würfels, die 6 Atome in den Mittelpunkten der Würfelseiten beschreiben ein Oktaeder. Die inneren vier Atome, grün dargestellt, bilden ein Tetraeder.

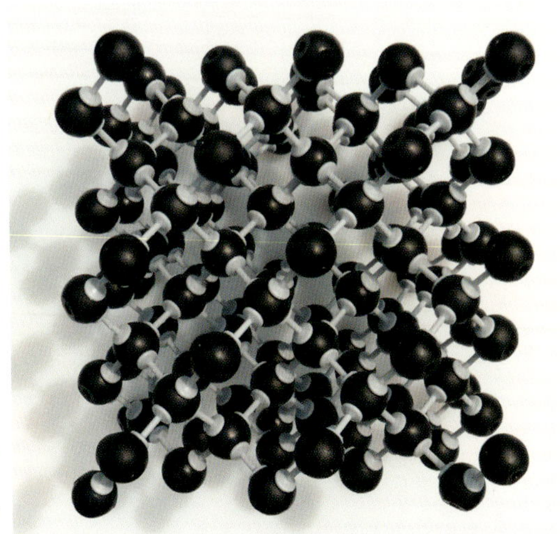

322 Zwei Ansichten eines Diamant-Moleküls, das eine Würfelstruktur erkennen lässt.

keine freien Elektronen, die Licht absorbieren könnten. Hieraus ergibt sich die extreme Lichtdurchlässigkeit des Diamanten.

Die Farbvarietäten des Diamanten sind zum Teil auf Störungen der Kristallstruktur durch Fremdatome zurück zu führen. So geht die häufige gelbliche Tönung auf Stickstoffeinschlüsse zurück, die bei solchen Diamanten zu erwarten sind, die in besonders heißen Zonen des Erdmantels entstanden sind. Es kann auch die Gitterstruktur selbst durch natürliche oder künstliche radioaktive Strahlung beschädigt sein. Die typische Färbung ist dann grün.

In den letzten Jahren haben neue Formen von Verbindungen aus reinem Kohlenstoff von sich Reden gemacht: Graphen, Fullerene und Nanoröhren.[103]

Graphen

Graphen ist eine einlagige Kohlenstoffschicht, die eine Million mal dünner ist als Papier. Durch seine extreme Zugfestigkeit, hohe Elastizität, Biegsamkeit, Wärmeleitfähigkeit und Undurchlässigkeit ermöglicht es zahlreiche Anwendungen. Kunststoffe können durch Beigabe von Graphen haltbarer gemacht werden. Oberflächen aus mehreren Graphenschichten können die Entflammbarkeit von Materialien verringern. Wegen seiner Leitfähigkeit ist Graphen auch für Touchscreens geeignet.

323 Graphen ist eine bienenwabenartige Kohlenstoffstruktur von hoher Biegsamkeit und Zugfestigkeit. Das ebene Kristallgitter kann prinzipiell beliebig groß werden.

Fullerene

Fullerene sind hohlkugelartige Strukturen aus 20 bis 94 Kohlenstoffatomen, die zu Ehren des Architekten Richard Buckminster Fuller Fullerene oder Buckyballs genannt werden. C_{60} ist die bekannteste Form, sie erinnert an einen Fußball. Das Größenverhältnis zu einem Fußball entspricht dem Verhältnis eines Fußballs zur Erdkugel.

1970 als theoretische Möglichkeit vorhergesagt, wurden C_{60}-Moleküle erstmals 1985 hergestellt. Wird Grafit in einer Heliumatmosphäre in einem Lichtbogen verdampft, so entsteht ein Ruß, der zu 15 % aus Fullerenen besteht. Fullerene kommen auch in der Natur vor, besonders in dem Kohlenstoffgestein Shungit (Algenkohle).

Die Anwendungsmöglichkeiten für Fullerene sind noch nicht endgültig geklärt, aber es gibt interessante Ansätze. Man verspricht sich auf dem Weg über die relativ leichte Synthese von Fullerenen z. B. künstliche Diamanten kostensparender als bislang herstellen zu können. Mithilfe von Fullerenen scheinen sich Materialien herstellen zu lassen, die noch härter sind als Diamant. C_{60} gilt als Radikalfänger, er kann helfen, physiologisch unerwünschte Oxidationsprozesse zu hemmen. Er hat in Versuchen mit Ratten deren Lebenszeit verdoppelt. Die Wirkung auf den Menschen ist noch nicht hinreichend erforscht.

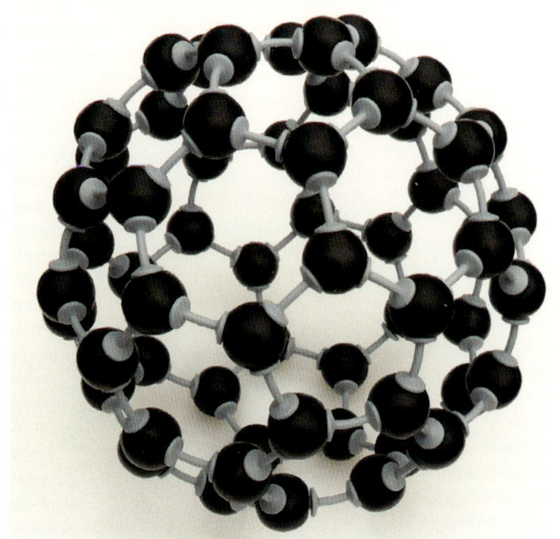

324 Modell eines C_{60}-Fullerens. Diese Form des Fullerens, bei der die Fünfecke nur von Sechsecken umgeben sind, ist besonders stabil. Das Molekül ist »abgesättigt«, d. h., es kann nicht weiter wachsen.

Nanoröhren

Eine andere Kohlenstoffstruktur bilden die sog. Nanoröhren (nanotubes). Sie werden von Graphen-Ebenen gebildet, die zur Röhre gekrümmt sind. Während die Fullerene in sich geschlossen und abgesättigt sind, können Nanoröhren im Prinzip unendlich lang werden. Ihr Durchmesser beträgt 0,4 bis 50 nm, die Länge bislang hergestellter Einzelröhren beträgt z. T. das Zehnmillionenfache. Dies würde theoretisch die Möglichkeit zur Herstellung extrem haltbarer und leichter Bänder ergeben. Durch Beimischung von Nanotubes zu Kunststoffen werden z. B. Tennisschläger mit verbesserten mechanischen Eigenschaften hergestellt.

Nanothreads

Als ultrareißfeste Fäden aus Kohlenstoff und Wasserstoff wurden 2014 an der Pennsylvania Universität Diamond-Nanothreads entwickelt. Zu ihrer Fertigung werden Benzolringe unter hohem Druck miteinander verknüpft. Die Zugfestigkeit ist 100 mal größer als bei Stahl und höher als bei Nanoröhren. Sie wären geeignet für das Projekt eines Weltraumaufzugs, der die Station auf der Erde mit dem Orbit verbindet.[104]

325 Modell einer Nanoröhre aus Kohlenstoffatomen. Sie kann im Prinzip unendlich lang werden.

14 Kunstwerke der Natur: Rohdiamanten

Bis zum Beginn der Schleifkünste im 14. Jahrhundert kannte man nur Rohdiamanten. Wie den bereits zitierten Sanskritschriften zu entnehmen ist, schätzte man vor allem in Indien das Oktaeder. Ein perfekter Stein galt als göttlich. Dieser Maßstab ist hoch gesetzt. Nur einer von 100 000 gefundenen Steinen kann ihm genügen.

Als »Oktaeder« bezeichnete den Diamanten erstmals Johannes Kepler (1571–1630), der auch, wie bereits erwähnt, die natürliche Ordnung des sechsstrahligen Schneekristalls erstmals beschrieb. In seinem *Mysterium Cosmographicum* von 1596 wies er den platonischen Körpern kosmische Bedeutung zu. Dem Oktaeder wies er das Symbol der Luft zu, dem Würfel das der Erde, dem Tetraeder das des Feuers, dem Dodekaeder das Symbol für den ganzen Kosmos. Was Kepler nicht wusste: in all diesen vier Polyedern kristallisiert der Diamant. In abnehmender Häufigkeit sind es Oktaeder,

326 Jeder einzelne Kristall folgt in seinem Aufbau der Regelmäßigkeit, die schon beim Keim im Nanometerbereich vorgegeben ist. Dennoch sind die meisten Rohdiamanten unregelmäßig geformt. Sie bilden Aggregate miteinander verwachsener Einzelkristalle. Hier vier Beispiele.

327 Unter Tausenden von Diamanten bringt nur einer von Natur aus die Idealform des perfekten Oktaeders mit und ist außerdem lupenrein. Mancher Diamantaire weiß dies zu schätzen und verzichtet darauf, ihn durch Schliff zu verändern, auch wenn er sich dann einträglicher verkaufen ließe.

328 Schon die Alten hat die hochgradige Symmetrie des Oktaederdiamanten fasziniert. Wie man ihn dreht und wendet – jede der sechs Ecken ist die Spitze einer vierseitigen Pyramide.

329 Die Oberflächen dieses Oktaeders sind glatt wie poliert. Die scharfen Kanten weisen hier und da kleine Schadstellen auf. Der Bruch des Diamanten ist, wie man sieht, muschelig. Der Diamant ist zwar hart, aber spröde und daher nicht unempfindlich gegen mechanische Beanspruchung besonders an den Spitzen und Kanten.

330 Charakteristisch für das natürliche Diamantenoktaeder ist das dunkle Quadrat als Reflexionsmuster, dessen Spitzen bis an den Rand reichen.

Dodekaeder (oft Rhombendodekaeder), Hexaeder (Würfel) und Tetraeder. Häufig ist die Symmetrie gestört dadurch, dass der Kristall entlang seiner Achsen unterschiedlich rasch gewachsen ist, dass er sich als Zwilling oder als Aggregat zahlreicher Einzelkristalle gebildet hat.[105]

Ein typisches Merkmal vieler Oberflächen bei Rohdiamanten sind Muster aus dreieckigen Strukturen. Schon im 13. Jahrhundert fiel dem Araber Al-Qazwini auf: »… *und würde man ihn in tausend Stücke schlagen, sie werden alle dreiseitig.*« Kosmographie des Al-Qazwini.[106]

1642 beschrieb Jean de Laet den Diamanten folgendermaßen: »Die natürliche Form oder Figur ist bei diesem Edelstein unterschiedlich, die eine nämlich ist sechsspitzig, beidseitig gebildet durch acht gleiche glatte Dreiecke, bisweilen so perfekt, dass sie durch Kunst entstanden erscheinen. Aber öfter sind sie an dieser oder jener Kante etwas gekrümmt und etwas gewölbt und weichen so von der genauen Symmetrie ab.«[107]

331 Bei vielen Rohdiamanten ist die ideale Oktaederform verzerrt, weil das Kristallwachstum entlang der Achsen unterschiedlich rasch erfolgte.

332 Manche Diamanten sind grün oder gelb.

333 Dreiecksstrukturen sind typisch für die Oberfläche vieler Rohdiamanten.

334 Der Diamant kristallisiert ähnlich wie der Pyrit (Schwefelkies) kubisch als Würfel, Oktaeder und Dodekaeder. Pyrite aus Navajun, Spanien.

335 Rubin aus Rubyland, Myanmar. Auch das zweithärteste Mineral kristallisiert als Oktaeder.

336 Auch Fluorit (Flussspat), den es in unterschiedlichen Farbvarianten von farblos bis violett gibt, kristallisiert als Würfel und als Oktaeder. Mit seiner Mohs-Härte von 4 wäre der Fluorit in der Ritzprobe leicht zu identifizieren. Cave-in-Rock Illinois, USA.

337 Man muss den Kristall aber nicht beschädigen. Ein leicht erkennbares Unterscheidungsmerkmal zum Diamant-Oktaeder ergibt sich aus dem geringeren Brechungsindex (1,44). Das annähernd quadratische Reflexionsmuster im Zentrum reicht beim Fluorit nicht bis zum Rand (vgl. Abb. 330).

338 Ein Rohdiamant in der Form des Rhombendodekaeders aus Süd-Afrika. Solche Dodekaeder entstanden in sehr großen Tiefen von 300 bis 800 km.[108]

339 Zwei Ansichten eines anderen Rhombendodekaeders.

340 Die Oberflächen von Rohdiamanten sind oft gewölbt. Selten allerdings ist diese fast zur Kugel geformte Variante eines Rhombendodekaeders.

341 Allseitig eine erstaunliche Gleichmäßigkeit und Klarheit.

342 Diese fast perfekte Diamantkugel ist mit einem Durchmesser von 4,9 mm und einem Gewicht von 1,03 ct von seltener Größe. Nicht zu erkennen ist, ob auch sie aus einem Rhombendodekaeder hervorgegangen ist.

343 Der Stein ist auf eine Weise rund geschliffen, wie wir es von glazialem Geröll kennen, dessen Bestandteile sich beim Transport gegenseitig abschleifen. Die Diamantkugel wurde mit ähnlichen anderen in einem Flussbett in Afrika gefunden. Kein anderes Material kann Diamant schleifen außer Diamant, und auch das braucht seine Zeit. Wir müssen uns daher das phantastische Szenario einer großen Masse von Diamanten vorstellen, die in ihrer Bewegung sich im Laufe der Zeit gegenseitig zu Kugeln geformt haben.

344 Hohe Kohlenstoffkonzentration begünstigt das Wachstum von Oktaedern, hohe Temperatur oder relativ niedriger Druck das Wachstum von Würfeln. Würfel sind relativ schnell gewachsen.[109]

345 Rohdiamanten in Würfelform. Charakteristisch ist, dass ihre Oberfläche mehr oder weniger uneben ist. Mbuji-Mayi, VR Kongo.

346 Ein Würfel von 6,45 ct Gewicht. Mbuji-Mayi, VR Kongo.

347 Die Oberfläche des großen Würfels zeigt ein Muster von Rissen. Sie sind damit zu erklären, dass der Kristall in der Entstehungsphase großen Temperatursprüngen unterworfen war.

348 Viele Rohdiamanten haben eine unregelmäßige Struktur, als Aggregat zusammengewachsener Einzelkristalle oder als Bruchstück eines ehemals großen Diamanten.

349 Würfeldrilling. Wenn in der Entstehungsphase unterschiedlich orientierte Keimlinge zusammenwachsen, entstehen Zwillinge oder Drillinge.

350 Gar nicht so selten sind Rohdiamanten in Dreiecksform. Auch hierbei handelt es sich um Zwillinge. Vorder- und Rückseite sind die Dreiecksflächen von zwei Oktaedern.

351 Der gleiche Kristall von der Seite gesehen.

353 Vier Strahlen des Sterns sind in Winkeln von 60° zueinander gewachsen, zwei weitere bilden die Achse.

352 Vier Ansichten eines besonderen Rohdiamanten. Sternformen sind eine Rarität. Fundort Finsch Mine, Südafrika.

354 Die Oberfläche wirkt wie ein von Raureif überzogenes Eisgebirge. Tatsächlich nennen die Diamantaires eine solche Oberfläche »gefrostet«. Sie kann sich bilden, wenn sie so stark erhitzt wird, dass sie zu brennen beginnt.

355 Diamantpalast. Zwischen zwei Armen des Sterns finden sich ungewöhnliche Strukturen, die wie die Kulisse eines Fantasyfilmes wirken.

356 Dieses Kristall-Aggregat bildet wahre Landschaften mit Bergen, Klüften und Höhlen.

357 Weitere Ansichten der Kristall-Aggregats.

Farbige Diamanten

Farbige Diamanten werden vor allem in Australien gefunden: rosa, champagner, cognac, grün, braun, rot, lila, violett. Die Farben werden durch Defekte in der Kristallstruktur oder durch Strahlungseinwirkung verursacht, aufgrund derer bestimmte Spektralanteile absorbiert werden. Blaue Diamanten enthalten Bor-Atome. Dabei reicht ein Bor-Atom auf eine Million Kohlenstoffatome, um diese Farbe hervorzurufen. Gelb entsteht durch Stickstoffanteile. Für diese Färbung reicht ein Stickstoffatom auf 100 000 C-Atome. Bei hohem Anteil von Stickstoff wird der Stein grün, desgleichen durch radioaktive Bestrahlung. Schwarze Diamanten verdanken ihre Farbe Grafit-Einschlüssen. Manche Diamanten wechseln ihre Farbe von Grün auf Gelb, wenn sie erhitzt werden, und werden wieder grün bei Abkühlung.[110]

359 Rohdiamanten in unterschiedlichen Farbtönen. Mbuji-Mayi, VR Kongo.

358 Oktaedrischer Rohdiamant auf Kimberlit.
Unter Tage gewonnene Diamanten sind von Kimberlit eingeschlossen. Er muss gebrochen werden, um den Edelstein freizulegen.
Bei Diamanten, die über Tage an der Erdoberfläche oder in Sedimenten gefunden werden, hat in der Regel die Korrosion diese Arbeit erledigt.

15 Künstliche und falsche Diamanten

Synthetische Diamanten

Da man vormals glaubte, Diamanten wüchsen in ihren Lagerstätten, haben schon früh die Alchimisten Versuche unternommen, sie zu züchten, allerdings ebenso vergeblich, wie Gold zu machen. Nachdem 1856 J. Parrot erstmals die Hypothese gewagt hatte, dass der Diamant vulkanischen Ursprungs sei, setzte sich allmählich die Überzeugung durch, dass zu seinem Zustandekommen sehr hoher Druck und hohe Temperatur zusammenkommen müssen. Seit 1878 hat es Versuche gegeben, solche Bedingungen herzustellen.

1897 erhitzte Q. Majorana Kohlenstoff mittels Elektrizität und setzte die Schmelze in der Apparatur durch die Explosion von Schießpulver hohem Druck aus. Doch erst 1953 gelang es dem Schweden B. von Platen erstmals, einige Kristalle herzustellen. Seither hat die Synthese künstlicher Diamanten für die Industrie zunehmend an Bedeutung gewonnen. Heute werden jährlich über 100 Tonnen Industriediamanten künstlich hergestellt und zum Bohren und Schleifen verwendet. Sie sind bis zu 1 ct groß, meistens grau, braun oder gelb. Sie haben zahlreiche Defekte, was aber für die technische Verwendung keine Rolle spielt. 80 % der Gewichtsmenge natürlicher und synthetischer Diamanten werden nicht zu Schmuck verarbeitet, sondern als Industriediamanten verwendet.

Inzwischen gibt es verschiedene Verfahren zur Herstellung synthetischer Diamanten.

Beim CVD-Verfahren (Chemical Vapor Deposition) werden aus einem gasförmigen Wasserstoff-Kohlenstoff-Gemisch auf einer erhitzten Oberfläche Diamantschichten abgeschieden. Beim HPHT-Verfahren (High Pressure High Temperature) wird eine Kapsel mit Graphit, Diamanten als Keimlingen und metallischen Katalysatoren wie Eisen, Nickel oder Kobalt befüllt und einem Druck von 5–6 GPa sowie einer Temperatur von 1300–1600 °C ausgesetzt. Hierbei ist auch die Herstellung großer und lupenreiner Diamanten möglich. Farbige Diamanten können durch Zusatz etwa von Stickstoff (für gelb) oder Bor (für blau) erzeugt werden.

Die russische Gesellschaft NDT hat mit dem HPHT-Verfahren 2015 einen 32,26 ct schweren Rohdiamanten in hochfeinem Weiß hergestellt, aus dem ein Stein in Smaragdschliff von 10,02 ct E VS1 geschnitten wurde.[111]

360 Viele synthetische Diamanten kristallisieren in Form von gleichartigen Kuboktaedern, einer Zwischenform von Oktaeder und Würfel. Die abgebildeten Kristalle haben eine Korngröße von ca. 0,6 mm.

361 Die gelbe Farbe beruht auf dem Gehalt von Stickstoff. Solche Diamanten sind weniger spröde als rein weiße und deshalb für industrielle Zwecke besonders geeignet. Die schwarzen Einschlüsse stammen von der Metallschmelze des Herstellungsverfahrens. Die Muster auf der Oberfläche rühren von einer Fremdsubstanz her.

In den USA ist die Bezeichnung »cultured diamond« geläufig. In Deutschland wurde die Übersetzung als »Zuchtdiamant« verboten, entsprechende Steine müssen als »synthetische Diamanten« ausgewiesen sein. Die Möglichkeit zur kostengünstigen Herstellung von Diamanten trifft Förderung und Handel natürlicher Diamanten zutiefst. Synthetische Diamanten sind per se keine Fälschung, da es sich in jedem Fall um Kohlenstoffkristalle handelt. Zur Fälschung würden sie nur durch falsche Deklaration, weshalb der Markt natürlicher Diamanten den Markt synthetischer Diamanten scheut wie der Teufel das Weihwasser. Offen ist, wie auf längere Sicht die Kunden reagieren. Manche werden froh sein, Diamanten günstig erwerben zu können. Andere werden vermutlich einen ähnlichen Wertunterschied sehen wie zwischen einem echten Monet und einem perfekt nachgemachten Gemälde, wie zwischen einem handgeknüpften und einem industriell gefertigten Orientteppich. Im Labor ist es möglich, synthetische Diamanten von natürlichen zu unterscheiden. Synthetische haben einen stark verringerten Gehalt des Isotops ^{13}C.[112] Außerdem zeigen sie Auffälligkeiten in der Fluoreszenz und im Infrarot eine Abweichung vom Absorptionsspektrum natürlicher Diamanten (s. weiter unten).

Alternativen, Surrogate und Fälschungen

Die Schwierigkeit, echte Diamanten herzustellen, hat zu zahlreichen Versuchen geführt, preiswerte Ersatzmöglichkeiten zu finden. Für Bohr- und Schleifzwecke hat man Materialien synthetisiert, deren Härte nahe am Diamanten und sogar noch darüber liegen. Fast so hart wie Diamant sind künstliche Materialien wie Borcarbid (»Schwarzer Diamant«, Härtegrad 9,3) und Siliciumcarbid (9,6). Inzwischen sind ADNR (Aggregierte Diamant-Nanostäbchen) als deutsches Patent angemeldet, die noch härter sind als Diamant.

Im alten Indien unternahmen hochgeachtete Mandarine die Begutachtung von Diamanten. In dem altindischen Buch »Brhatsamhita« des Vaarha-Mihira heißt es: »Es gibt gemeine Menschen, die falsche Diamanten herstellen. Wer das Wissen hat, kann sie entdecken durch den Probierstein, Anschlagen und Ritzversuche.«[113]

Für Schmuckzwecke gibt es eine Reihe von Materialien, die als Diamantersatz Verwendung finden. Bedeutung hat der Zirkonia

362 Das keramische Borcarbid (B_4C), »schwarzer Diamant« genannt, ist mit einer Mohshärte von 9,3 fast so hart wie Diamant. Mit ihm werden z. B. schusssichere Westen hergestellt.

363 Zirkonia im Spirit-Schliff.

364 Doppelbrechung bei Kalkspat. Auch beim Moissanit wird ein einfallender Lichtstrahl in zwei Strahlen aufgespalten, sodass alles gedoppelt erscheint.

(Zirkoniumdioxid) erhalten, der oft im Cut von Diamanten geschliffen wird. Er hat eine Härte von 8,5 und lässt sich daher leicht erkennen. Er ist schwerer und sein Brechungsindex ist stärker als der des Diamanten. Durch seine geringe Wärmeleitfähigkeit fühlt er sich wärmer an als ein Diamant. Diamant hat eine 4 mal höhere Wärmeleitfähigkeit als Kupfer und fühlt sich daher meistens kalt an. Zirkonia wird auf relativ einfachem Wege synthetisch hergestellt; Brillanten aus diesem Material kosten weniger als 1/1000 dessen, was für einen entsprechenden Diamanten aufgewendet werden muss. Von Zirkonia zu unterscheiden ist der natürlich vorkommende Zirkon (Zirkoniumsilikat), der ebenfalls als Schmuckstein geschliffen wird. Er hat eine Mohs-Härte von 7,5 und wird ähnlich gewertet wie Zirkonia.

Moissanit-Brillanten (Carborundum, Siliciumcarbid) haben einen höheren Brechungsindex als Diamant und reichen mit einer Mohshärte von 9,5 dicht an ihn heran. Moissanit kann aus Siliciumdioxid und Kohlenstoff synthetisch hergestellt werden. Im Gegensatz zum Diamanten ist er doppelbrechend und kann so vom Fachmann unterschieden werden.

Oft sind andere, weniger wertvolle Schmucksteine nicht selten in betrügerischer Absicht als Diamanten ausgegeben worden. Schon im 16. Jh. wies der Goldschmied Benvenuto Cellini darauf hin, dass weiße Saphire oft fälschlich als Diamanten angeboten werden. Saphire und Rubine sind Korunde. Korund hat die Mohshärte 9 und ist damit das zweithärteste natürliche

365 An dem persischen Stockgriff Abbildung 236 weist einer der großen Steine mehrere Ritzspuren auf. Offenbar wurde er in der Vergangenheit daraufhin geprüft, ob es sich wie z. B. bei dem Stein auf der Kuppe um einen Diamanten handelt. Ergebnis einer eigenen Prüfung: es handelt sich um einen Quarz. Möglicherweise wurde mit ihm einst ein echter Diamant ersetzt.

Mineral. Farblose Korunde sind Aluminiumoxid (Al_2O_3). Farbe bekommen sie durch Anteile von Eisen und Titan. Für den Laien sind auch Verwechslungen mit Bergkristall oder Strass möglich. Letzteres ist Bleiglas, das im 18. Jh. von Georg Friedrich Strass erfunden wurde. Diese Steine werden auf der Rückseite oft mit

366 Korund. Steine aus diesem zweithärtesten Mineral werden seit Jahrhunderten fälschlich als Diamanten gehandelt.

367 Rohsaphire in verschiedenen Farben. Blau werden sie durch Beimengungen von zweiwertigem Eisen und vierwertigem Titan, gelb und grün durch dreiwertiges Eisen, violett durch vierwertiges Vanadium. Die rote Variante wird Rubin genannt. Sie erhält ihre Farbe durch dreiwertiges Chrom.

369 In der Sahara werden Doppelenderquarze gefunden, die als »Sahara-Diamanten« bezeichnet werden.

368 »Herkimer Diamanten« sind keine Diamanten, sondern seltene Doppelenderquarze vom Mohawk Valley, Herkimer County. Diese klaren Bergkristalle aus dem Staat New York entstanden im Kambrium. Sie enthalten oft Bläschen mit fossilem Wasser und kohleartige Einschlüsse.

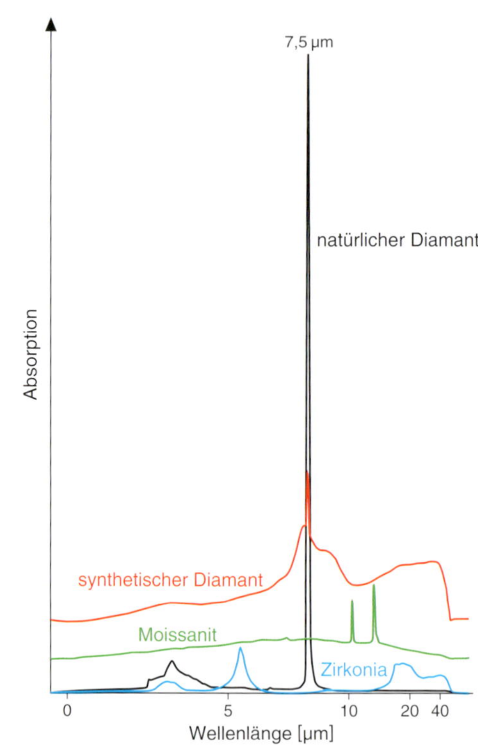

370 Anhand des Absorptionsspektrums im Infrarotbereich lässt sich natürlicher Diamant von künstlichem Diamant und von anderen Materialien unterscheiden.[114]

Silber oder Gold verspiegelt. Die Mohshärte beträgt allerdings nur 5, die Steine zerkratzen also leicht.

Es gibt viele »Diamanten« mit Zusatzbezeichnungen, die erkennen lassen, dass sie nicht echt sind. »Ceylon Diamant« ist weißer Topas oder Zirkon, »German Diamond«, »Marmoroscher Diamant« und »Herkimer Diamant« sind Bergkristalle.

Um die Echtheit eines Diamanten zu prüfen, könnte man ihn verbrennen und seine gasförmigen Bestandteile analysieren. Als ebenso zuverlässig hat sich glücklicherweise eine moderne Art der Spektralanalyse im Infrarotbereich erwiesen, die das Material unversehrt lässt. Abbildung 370 zeigt die FT-Raman-Spektren von echten und künstlichen Diamanten sowie von Moissanit (Siliciumcarbid) und Zirkonia (Zirkoniumdioxid), zwei Materialien, die fast so hart sind wie Diamant und mit ihm oft verwechselt werden. Der natürliche Diamant zeigt eine deutliche Spitze im Infrarot bei 7,5 µm (1331 cm^{-1}), der von einer Gitterschwingung herrührt.[115] Der von Juwelieren anstelle von Diamanten nicht selten verwendete Zirkonia lässt sich bei etwas Übung auch ohne Geräte erkennen: er ist bei gleicher Größe fast doppelt so schwer.

Diamanten aus Totenasche

Inzwischen kann man Kohlenstoff aus einigen hundert Gramm Totenasche zu Diamanten von 0,4 bis 1,0 Karat verwandeln lassen. In einem achtwöchigen Prozess wird zunächst die Asche bis auf den puren Kohlenstoff gereinigt, der zunächst in Grafit umgewandelt wird. Dieser wird dann zu einem Diamanten gepresst und nach Wunsch des Auftraggebers geschliffen. Die Herstellung eines Bestattungsdiamanten kostet je nach Größe zwischen 3000 und 13 000 Euro. Typischerweise sind Bestattungsdiamanten tiefblau bis hellblau, was auf Boreinschlüsse zurückzuführen ist. Bei normaler Einäscherung verflüchtigt sich aller Kohlenstoff in CO_2. Zur Absicherung der Herkunft wird gleich zu Beginn des Prozesses eine chemische Analyse der Totenasche durchgeführt. Denn im Nachhinein lässt sich nicht mehr feststellen, ob der verwendete Kohlenstoff tatsächlich vom Verstorbenen stammt.[116]

16 Einschlüsse – Botschafter aus fernen Welten

1645 wurde in dem Diamanten eines Venezianers als Einschluss ein »Rubin« entdeckt, bei dem es sich wahrscheinlich um einen Granat gehandelt hat. Mit diesem Fund war das Interesse an Diamanten mit mineralischen Einschlüssen erwacht.[117]

Einschlüsse in Diamanten sind in vielfacher Hinsicht keine Fehler, sondern bedeutende Merkmale. Sie können aus Spannungsrissen und Hohlräumen bestehen oder aus Kristallen verschiedener Minerale. In der Schmuckindustrie gelten solche Einschlüsse traditionell als wertmindernder Makel. Doch wird diese Einschätzung inzwischen relativiert. Das Aufkommen künstlicher Diamanten macht die vermeintlichen Mängel vielmehr zu Echtheitsmerkmalen – ähnlich wie Webfehler in handgeknüpften Teppichen die Rolle eines Erkennungsmerkmals gegenüber maschinell hergestellten einnehmen. Da bei der Reinheitsprüfung von Diamanten »Lupenreinheit« gilt, also Reinheit bei 10-facher Vergrößerung, sind Defekte und Einschlüsse unterhalb

371 Weiße »Federn« in einem Brillanten.

372 Zahlreiche Einschlüsse in einem Rhombendodekaeder-Diamanten. Dodekaeder entstehen in großen Tiefen von bis zu 800 km und enthalten dort vorkommende Hochdruckminerale wie Magnesiumperowskit und Ferroperiklas.[118]

373 Große unterschiedliche Einschlüsse in einem Oktaeder. Die regenbogenartigen Farben sind das Ergebnis von Interferenzen an hauchdünnen Spalten im Kristall.

dieser Größenordnung von zunehmend positiver Bedeutung. Sie können wie ein Fingerabdruck zur Identifizierung von Diamanten dienen.

Die Annahme, bei den nicht seltenen und ungeliebten schwarzen Einschlüssen in Diamanten handele es sich um Kohle, um Rückstände aus unvollständiger Umwandlung von gewöhnlichem Kohlenstoff in Diamant, hat sich als Irrtum erwiesen. Es kann Grafit, Pyrrhotin oder ein anderes Mineral sein, das der Diamant bei seiner Entstehung eingeschlossen hat. Gelegentlich können Diamanten mit Einschlüssen einen besonderen ästhetischen Reiz haben, etwa wenn die Einschlüsse farbig oder interessant geformt sind. Es wurden auch Diamanten gefunden, in denen ein kleineres Diamant-Oktaeder eingebettet war.[119]

374 Detailaufnahme des Oktaeders. Bei dem grünen Einschluss kann es sich um Peridot handeln.

375 Würfelförmiger Diamant, der entlang seiner natürlichen Flächen geschliffen wurde und nun sein Inneres zeigt: Tausende von feinen Einschlüssen. Sie bestehen wahrscheinlich aus Flüssigkeit und aus Mineralen, die aus Fluiden des Erdmantels kristallisiert sind.[120]

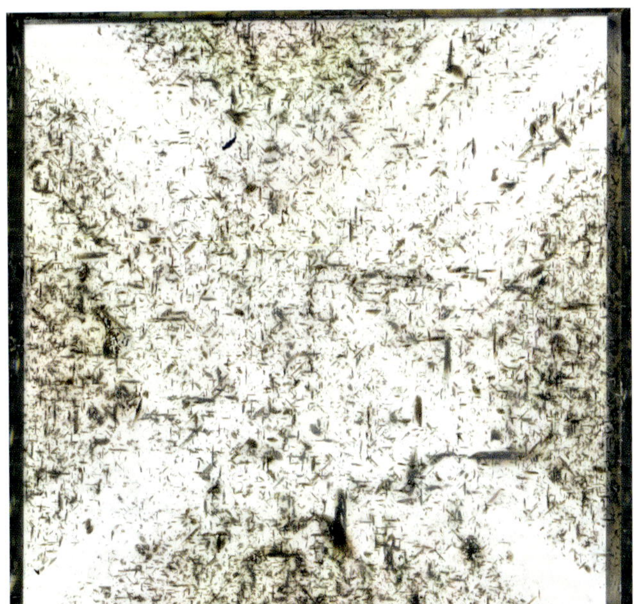

376 Die länglichen Einschlüsse folgen in ihrer Orientierung den drei Hauptrichtungen des Würfels. Zudem verteilen sie sich in auffallender Weise: sie bilden sechs pyramidenförmige Häufungen, deren Spitzen zum Würfelzentrum zeigen und deren Grundflächen mit den Würfelflächen zusammenfallen. Die Bereiche der vier Raumdiagonalen sind weitgehend frei von Einschlüssen. Aufnahmen in Auf- und Durchlicht.

Zeugen der geologischen Urgeschichte

Von der Forschung werden mineralische Einschlüsse in Diamanten hoch geschätzt. Denn sie sind Zeugen von Ereignissen, die sich vor Jahrmilliarden abgespielt haben. Ähnlich wie Einschlüsse in Bernstein Aufschluss über das Leben im Tertiär oder zur Kreidezeit geben, sind Einschlüsse in Diamanten Zeitkapseln aus der Frühzeit der Erdgeschichte und darüber hinaus.

Diamanten mit ihren Einschlüssen sind zudem »ein einmaliges Fenster in den Erdmantel, durch das in der Tiefe verborgene Prozesse beobachtet werden

377 Ähnlich wie Inklusen in Bernstein Auskunft geben über das Leben vor Jahrmillionen, können Einschlüsse in Diamanten aufschlussreich sein für Ereignisse vor Jahrmilliarden.[121]

378 Augenfällig wird die Bewegung der Kontinentalplatten auf Island, wo die eurasische und die amerikanische Platte mit einer Geschwindigkeit von 2 cm im Jahr auseinanderdriften.

können«, so Florian Neukirchen, dessen Darstellungen in diesem Kapitel gefolgt werden soll.[122]

Diamanten können selbst nicht datiert werden, wohl aber ihre Einschlüsse. Nur dadurch wissen wir etwas von ihrem enormen Alter. Eingeschlossene Minerale können mit der Raman-Laser-Mikrosonde analysiert werden, ohne den Diamanten zu beschädigen. Als besonders wertvoll hat sich die Untersuchung von Isotopenverhältnissen erwiesen, die dem Fachmann wie ein Fingerabdruck Auskunft über die Herkunft, über die Bedingungen des Zustandekommens und über das Alter geben können.

Stoffwechsel im Innern der Erde

Während oberflächennahe Gesteine oft oxidiert sind, ist das Gestein des Erdmantels mit zunehmender Tiefe stärker reduziert. Das hat zur Folge, dass CO_2 in chemischen Prozessen seinen Sauerstoffanteil leicht verliert und reiner Kohlenstoff entsteht. Magma und Fluide strömen ineinander und tauschen Stoffe aus, es kommt zur Anreicherung und zur Abreicherung von Substanzen. Dabei entstehen auch der relativ seltene Kimberlit und die noch selteneren Diamanten. Ihre Einschlüsse enthalten z. T. Minerale aus der Zeit der ältesten Gesteinsbildungen der Erdgeschichte. Sie geben Aufschluss über die Kerne der frühesten Kontinente und über Veränderungen im Erdmantel vor 1,9 bis 3,3 Milliarden Jahren.

Sverjensky und Huang gehen davon aus, dass günstige Bedingungen für die Entstehung von Diamanten gegeben sind, wenn hydrothermale Fluide bei 900° und 5 Gigapascal sauer werden. Die Fluide verändern die Silikatgesteine der unteren Kruste chemisch und geraten in das sog. Stabilitätsfeld von Diamant: der Diamant wächst auf Kosten von Karbonaten.[123]

379 Ein schönes Beispiel für Stoffwechselprozesse im Erdinnern ist diese »Umhüllungs-Pseudomorphose« Quarz nach Baryt aus Brasilien (Rio Grande do Sul). Zuerst kristallisierte Baryt, dann bildete sich auf seiner Oberfläche Quarz, anschließend löste sich der Baryt auf, übrig blieb die Ummantelung aus Quarz.

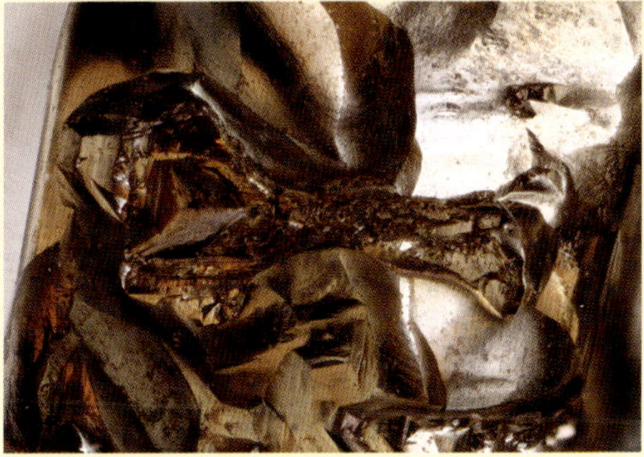

380 Dieser braune Rohdiamant hat eine seltene bizarre Form. Insgesamt folgt der Kristall dem Oktaeder, doch wird er durchzogen von gewundenen Schluchten, die bis ins Zentrum reichen. Das lässt sich besonders gut auf den 3D-Aufnahmen erkennen. Wahrscheinlich ist der Diamant in Syngenese mit einem anderen Mineral entstanden, das sich später aufgelöst hat.

Diamanten sind meistens wesentlich älter als die Kimberlite, von denen sie zur Erdoberfläche mitgenommen werden. So haben die Diamanten von Kimberley über drei Milliarden Jahre im Erdinnern geschlummert, bevor sie vor 90 Mio. Jahren in Südafrika durch einen Vulkanausbruch mit dem Kimberlit ans Tageslicht geschleudert wurden.

Fast immer eruptierten mehrere einander benachbarte Vulkanschlote, vor allem in der Kreidezeit, aber auch in früheren Erdzeitaltern.

Die Erdkruste ist unter den Ozeanen 5 km, bei den Kontinenten bis 40 km dick. Darunter befindet sich der Erdmantel, der bis in 2900 km Tiefe reicht. Er verhält sich in geologischen Zeiträumen plastisch und enthält lokale Schmelzzonen.

Der Erdmantel besteht vor allem aus Olivin und Peridotit, Diopsid und Enstatit, bei geringem Druck enthält er Plagioklas oder Spinell, bei höherem Druck den roten Granat Pyrop. Der Mantel enthält etwas Kohlenstoff in Form von Kohlendioxid und Methan oder in Form von Karbonatgestein. Der lithosphärische Mantel (der oberste Teil des Erdmantels) ist mit Teilen der Kruste fest verbunden und bildet mit ihnen die Kontinentalplatten, die sich in geologischen Zeiträumen bewegen, trennen und übereinander schieben.

Unter den Kontinentkernen ragt der lithosphärische Mantel wie ein Kiel bis in 250 km Tiefe. Dort ist es vergleichsweise kühl und es herrschen Bedingungen, unter denen sich Diamanten bilden können. Die meisten der auf der Erdoberfläche gefundenen Diamanten stammen von dort. Die Pipes (Diatreme), durch die sie nach oben befördert wurden (s. Abb. 311), befinden sich inmitten alter Kontinentalblöcke, also nicht in den Regionen vulkanischer Aktivität, die sich im Randbereich der Kontinentalplatten befinden. Anhand winziger Einschlüsse wurde festgestellt, dass Diamanten mit niedrigem Stickstoffanteil aus relativ kühlen Zonen stammen, solche mit hohem Anteil aus relativ heißen Zonen. In wesentlich größeren Tiefen, wo es über 1300 °C heiß ist, können sich keine Diamanten bilden.

An Mineralen ist in Diamanten typisches Material aus dem Erdmantel eingeschlossen: entweder **P**eridotit, zu dem Olivin, Diopsid, Enstatit und Granat gehören, oder **E**klogit, ein unter Hochdruck umgewandelter Basalt. Entsprechend unterscheidet man zwischen Diamanten vom P- und vom E-Typ. Hinzu kommen häufig Einschlüsse aus Eisen- und Nickelsulfid, die möglicherweise bei der Entstehung von Diamanten Katalysatorfunktion haben. Eklogite bilden sich hauptsächlich in Subduktionszonen, also dort, wo sich Kontinentalplatten übereinander schieben. Abtauchende Platten transportieren Grafit, der sich aus organischer Substanz gebildet hat, in die Tiefe. Es ist möglich, dass Diamanten vom E-Typ hieraus entstanden sind. Allerdings ist die Bildungstemperatur von Diamanten höher, als sie in Subduktionszonen vermutet wird. Das Verhältnis eingeschlossener Kohlenstoffisotope ^{12}C und ^{13}C besonders beim E-Typ spricht wiederum für die Herkunft aus organischen Substanzen.

Neukirchen hält die direkte und relativ rasche Entstehung von großen Diamanten aus zusammengepresstem Grafit für unwahrscheinlich. Auf diesem Wege sind nur Massen aus mikroskopisch kleinen Kristallen zu erwarten. Vieles spricht dafür, dass große Diamanten über Jahrmillionen hinweg langsam wachsen und oft »Signaturen« aus unterschiedlichen Epochen enthalten. Sie kristallisieren wahrscheinlich aus einem Fluid von Kohlenwasserstoffen, bei dem Kohlendioxid, Methan, Wasser und andere Substanzen beteiligt sind, oder aus einem Magma aus Karbonatit. In Hochdruckexperimenten konnten sowohl aus Fluiden als auch aus Karbonatit synthetische Diamanten gewonnen werden.

Die Entstehung der Diamanten in Südafrika erfolgte in Zusammenhang mit der Kollision zweier Kratone, also von Kerngebieten alter Kontinente, vor 2,9 Mrd. Jahren. Dabei versank der Ozeanboden zwischen beiden Kontinenten und bildete den tiefreichenden Kiel, der heute noch unter dem afrikanischen Kontinent besteht. Hier bildeten sich die meisten Diamanten, die in Südafrika gefunden werden. Ihr Kohlenstoff ist der isotopischen Zusammensetzung nach zum Teil organischen Ursprungs, der offenbar von archaischen Lebensformen aus dem versunkenen Ozean stammt.

Kimberlite, die »Transporteure« der Diamanten, sind ungewöhnliche Magmen aus dem Erdmantel. Sie sind besonders dünnflüssig und haben einen niedrigen Schmelzpunkt, der auf den Gehalt von Salzen zurückgeführt werden kann. Die Schmelzen steigen sehr rasch auf und führen zu kurzen und heftigen Eruptionen, die nach Schätzungen einige Stunden bis zu wenigen Monaten dauern. Dabei handelt es sich um »Einmal-Vulkane«, die nach dem Ausbruch versiegen. Die Explosivität ist auf einen hohen Gehalt an Gasen zurückzuführen, die vor allem aus Wasserdampf und Kohlendioxid bestehen. Der Diamantanteil beträgt 5 Gramm pro Tonne Gestein. Der rasche Aufstieg ist entscheidend dafür, dass die Diamanten schnell abkühlen und nicht verbrennen oder sich in Grafit verwandeln.

Der Aufstieg erfolgte wahrscheinlich in Form von Plumes (Manteldiapiren, s. Abb. 311), schlauchartigen Kanälen von Gesteinsschmelze durch den Erdmantel mit pilzförmiger Ausbreitung unter der Lithosphäre, wie sie als »Hot Spots« etwa unter Hawaii bekannt sind. Sie sind ein Produkt der Konvektion im Erdmantel, die von der Hitze im Erdkern gespeist wird. Die aufsteigende Wärme erhitzt die Erdkruste und bildet Klüfte, bis sich der Druck schließlich an der Erdoberfläche in Vulkanausbrüchen entlädt. Ungewöhnlich gegenüber Vulkanismus in Ozeanen oder an den Rändern der Kontinentalplatten ist die große Mächtigkeit der Kratone, durch die sich das aufsteigende Magma hindurchgearbeitet hat.

In Australien, Arkansas und Indien findet man Lamproit als diamantführendes Magma. Es ist nicht in der Tiefe von Kratonen, sondern an den Rändern von Kontinentalplatten entstanden. Die bei Argyle in Australien gefundenen Diamanten sind 1,6 Mrd. Jahre alt und überwiegend vom E-Typ. Die meisten sind braun und wurden erst durch aufwendige Werbekampagnen für »cognacfarbige« Diamanten kommerziell interessant gemacht.

Im Focus von Naturgewalten: Mikrodiamanten

Wie sich in Diamanten fremde Minerale als Einschlüsse finden, so finden sich auch gelegentlich winzige Diamanten als Einschlüsse etwa in Granaten, Zirkonen oder Gesteinen z. B. im Erzgebirge. Im Zuge der Plattentektonik subduzieren nicht nur ozeanische Platten, sondern bei der Kollision von Kontinenten auch die dickeren Kontinentalplatten. Wenn sie aus 140 bis 250 km Tiefe relativ rasch wieder auftauchen, bringen sie solche Mikrodiamanten mit. Sie entstanden wahrscheinlich durch Hochdruckmodifikationen von Grafit, also auf die Weise, die man sich vormals generell als Genese von Diamanten vorgestellt hat. Sie sind zwar für Schmuckzwecke zu klein, sind aber etwa in Gesteinen von Kasachstan so häufig, dass sie bereits als Industriediamanten gefördert wurden.

Man geht davon aus, dass in den geologischen Prozessen zwischen Erdkruste und Erdmantel viele Diamanten entstehen, dass aber die meisten derer, die in Richtung Erdoberfläche befördert werden, sich zu Grafit verwandeln, weil der Übergang zu langsam verläuft.

Auch auf der Oberfläche der Erde sind Mikrodiamanten entstanden, und zwar durch den Einschlag großer Meteorite. Man findet sie z. B. im Tuff des Nördlinger Rieses. Die Druckwellen des Impakts vor 14,8 Mio. Jahren pressten Grafitschuppen zu Diamanten. In Nordamerika wurden Mikrodiamanten gefunden, die von dem gewaltigen Asteroideneinschlag bei der Halbinsel Yukatan stammen, in dessen Folge die Saurier und zahlreiche andere Lebewesen ausstarben. Bei solchen Einschlägen entsteht auch das seltene Lonsdaleit, eine Diamantvariante mit einem besonderen Kristallgitter, die noch härter ist als gewöhnlicher Diamant.

381 Granate in ihrer Naturform. Manche enthalten winzige Diamanten. Sie entstanden zusammen in über 140 km Tiefe im Zuge der Kollision von Kontinenten.

382 Moldavit. Durch den Einschlag eines kilometergroßen Meteoriten entstand vor 15 Mio. Jahren das Nördlinger Ries. Das verdrängte Gestein wurde durch die Hitze des Aufpralls geschmolzen und bis in eine Entfernung von mehreren hundert Kilometern geschleudert. Es erstarrte zu grünem Glas und ging im heutigen Tschechien nieder.

383 Der gleiche Impakt verursachte Schockwellen im umgebenden Kalkgestein, die diesen Belemniten wie einen Brotlaib in Scheiben teilten. Die Druckwellen erzeugten auch zahlreiche Mikrodiamanten, die im umgebenden Gestein gefunden wurden.

384 Aus China stammen diese schwarzen Indochinite, die auf einen Impakt in Asien vor 700 000 Jahren zurückgehen.

385 Das libysche Wüstenglas, das schon die Pharaonen als Edelstein schätzten und dessen Vorkommen 1932 wiederentdeckt wurde, entstand durch einen Meteoriteneinschlag vor 28–30 Mio. Jahren. Die kantigen Formen dieses Stücks wurden im Laufe der langen Zeit von Sandstürmen geschliffen. Die flache Unterseite (unten), auf der der »Windkanter« lag, zeigt noch die ursprüngliche blasige Textur.

Diamanten aus dem Weltall

Nach Vorstellung der Gnosis, einer Lehre aus dem 2. und 3. Jh., ist unter den sieben Himmelskreisen der dritte der diamantene.[124] Tatsächlich finden sich auf der Erde auch Diamanten, die buchstäblich vom Himmel gefallen sind. Die schwarzen »Carbonados« etwa, die in Brasilien gefunden werden und Aggregate aus vielen kleinen Kristallen bilden, können nicht im Erdmantel entstanden sein. Die Isotopenverhältnisse sprechen dagegen. Die Carbonados könnten durch einen Impakt entstanden sein. Eine Hypothese lautet, dass alle diese Steine von einem Asteroiden stammen, der zum großen Teil aus Diamanten bestand.

Der Gedanke ist nicht so verrückt, wie es vielleicht scheint. 1981 entdeckte man erstmals winzige Diamanten in einem Eisenmeteoriten. Seither macht man solche Funde immer häufiger. Auch in Meteoritenfunden des Barringer-Kraters von Arizona fand man entsprechende Mikrodiamanten und die Diamantvariante Lonsdaleit. Wenn mineralische und metallische Bestandteile der Meteoriten in Säure aufgelöst werden, verbleiben als Rest die Diamanten.

1987 wurden Mikrodiamanten in einem Meteoriten zusammen mit einem Xenonisotop entdeckt, das auf der Erde nicht vorkommt und wahrscheinlich von einem explodierten Stern stammt. Wiederholt wurden sog. »kohlige Chondrite« gefunden. Dabei handelt es sich um Steinmeteorite, die einen bis zu 3 % hohen Anteil an Kohlenstoff besitzen, in Form von Grafit, Karbonat, organischen Verbindungen – und Diamanten. Die

386 Teil des Eisen-Nickel-Meteoriten, der vor 50 000 Jahren den 1200 m großen Barringer-Krater von Arizona erzeugte. In manchen Stücken wurden Mikrodiamanten nachgewiesen.

387 Der Barringer-Meteor-Krater von Arizona.[125]

Zusammensetzung dieser Chondrite entspricht dem Material, aus dem unser Sonnensystem entstand. Es sind gleichsam Fossilien aus präsolarer Zeit, zusammengebackener Staub aus einer älteren Sternengeneration, das älteste Material, das sich auf der Erde finden lässt.

2006 fand man im Sternbild Zentaur in der Entfernung von 50 Lichtjahren einen Stern von 3750 km Durchmesser (V886 Centauri), der aus Sauerstoff und kristallisiertem Kohlenstoff besteht.[127] Schon in den 1960er Jahren wurde prognostiziert, dass solche Sterne zu Diamanten werden.

Auch unsere Sonne könnte in sieben Mrd. Jahren zu einem solchen Diamantstern werden. Wenn sie ihren Wasserstoffvorrat vollständig zu Helium fusioniert hat, bläht sie sich zum Roten Riesen auf und fusioniert Helium zu Kohlenstoff. Am Ende dieses Prozesses wird sie ein weißer Zwerg, der im Wesentlichen aus Kohlenstoff besteht. Der hohe Druck wird ihn zu Diamanten

388 Scheibe des Meteoriten NWA 6043 CR2, der in Nordwest-Afrika gefunden wurde. Es handelt sich um einen »kohligen Chondriten«, ein Material, das aus der Zeit vor Entstehung unseres Sonnensystems stammt, also über 4,6 Mrd. Jahre alt ist.

389 Unter dem Mikroskop funkeln in NWA 6043 Tausende Kristalle, die kleiner sind als 1/100 mm. Es kann sich zum Teil um Mikrodiamanten handeln. Dafür sprechen Laborbefunde an entsprechenden Stücken sowie der Umstand, dass die Steinsäge, die den NWA 6043 in Scheiben schnitt, sich ungewöhnlich stark abnutzte.

kristallisieren lassen. Einen starken Hinweis darauf gab der genannte Diamantstern. Er erzeugt Schwingungen, die denen von Kristallen entsprechen.[128]

Auf das Schicksal von Sternen, die mehr als 20 mal größer sind als die Sonne, wurde schon in Zusammenhang mit der Fusion von Elementen wie Sauerstoff oder Kohlenstoff Bezug genommen, die für die Bildung von Wasser und Diamanten notwendig sind. Am Ende seiner Entwicklung kollabiert ein solcher Stern zu einem Neutronenstern oder zu einem schwarzen Loch. Dabei wird gleichzeitig die Hülle aus Gas und Staub abgestoßen, die zu einem nicht geringen Teil aus Nanometer großen Diamanten besteht, die ihre Herkunft durch eingeschlossene Isotope von Gasen verraten.[129]

Wissenschaftler schätzen, dass mindestens 30 % des im Weltall vorhandenen Kohlenstoffs in Form von Diamanten vorliegt, zumeist in Staubkorngröße.[130]

Schon heute schicken die USA und Japan Raumsonden zu Asteroiden, um nach förderungswürdigen Rohstoffen zu suchen. Es ist nicht ausgeschlossen, dass Diamanten dazu gehören werden, zumindest solche, die den hohen Bedarf an Industriediamanten decken helfen.

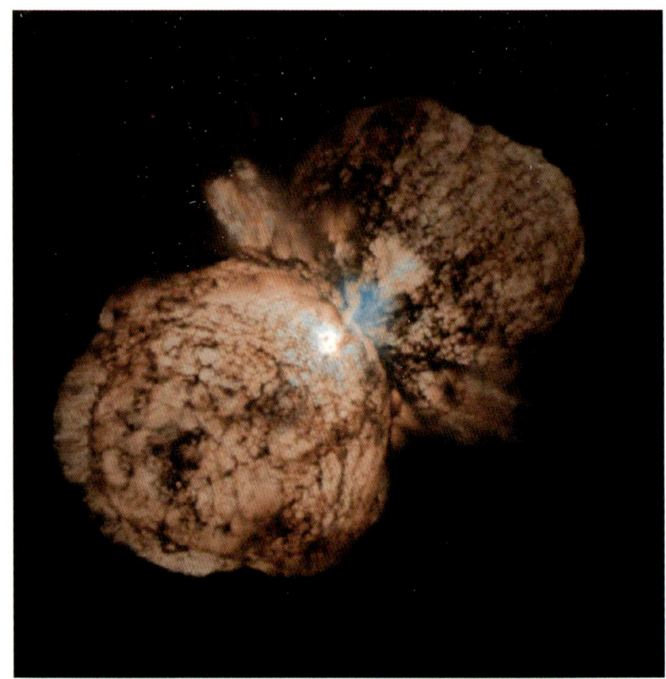

390 Der Homunkulus-Nebel um Eta Carinae, ein wegen seiner heftigen Ausbrüche bekannter Sternriese, aufgenommen vom Hubble-Teleskop.

17 Verborgene Farben der Diamanten

Auf die Farbvarianten des Diamanten sind wir bereits eingegangen, auch auf seine besondere Fähigkeit zu Reflexion und Dispersion des Lichtes. Darüber hinaus zeigen viele Diamanten, die bei normalem Tageslicht weiß und klar sind, unter bestimmten Bedingungen eine überraschende Farbigkeit.

Fluoreszenz

Unter ultraviolettem Licht kommt es bei vielen Diamanten zu Fluoreszenz. Sie erscheinen dann meistens blau. Da das UV-Licht nicht sichtbar ist, scheinen die Kristalle aus sich selbst heraus zu strahlen. Im Diamantenhandel wirkt Fluoreszenz im Allgemeinen wertmindernd, weil sie bei Tageslicht den klaren Glanz etwas stört. Manche aber mögen gerade solche Diamanten, weil sie bei der in Diskotheken häufigen Schwarzlichtbeleuchtung im Dunkeln magisch leuchten.

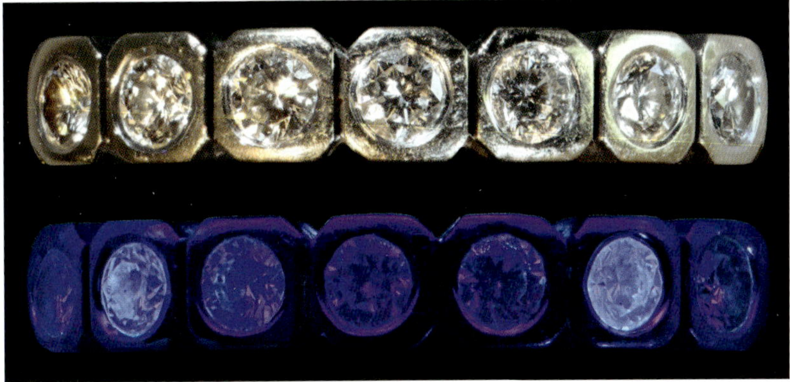

391 Brillantring im Tageslicht und im Ultraviolettlicht. Zwei von den sieben Diamanten fluoreszieren deutlich.

Fluoreszenz ist in unserem Alltag häufig. Viele Papiere und weiße Textilien enthalten »Weißmacher«, die die unsichtbaren UV-Anteile der Beleuchtung in weißes Licht verwandeln und sie dadurch heller erscheinen lassen. Was ist bei Fluoreszenz anders als bei normalem Licht? Wenn eine Substanz gewöhnliches Licht reflektiert, heißt das, dass ihre Moleküle durch Anteile des

392 Fluoreszierender Brillant von 1,15 ct.

393 Faszinierend: fluoreszierender Diamant im Spirit-Schliff.

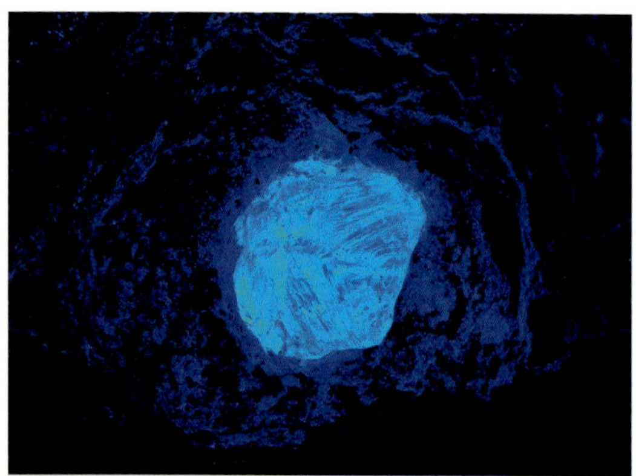

394 Fluoreszierender Rohdiamant auf Kimberlit. Der Kimberlit selbst fluoresziert nicht, sondern wird von dem Licht beleuchtet, das der Diamant aussendet.

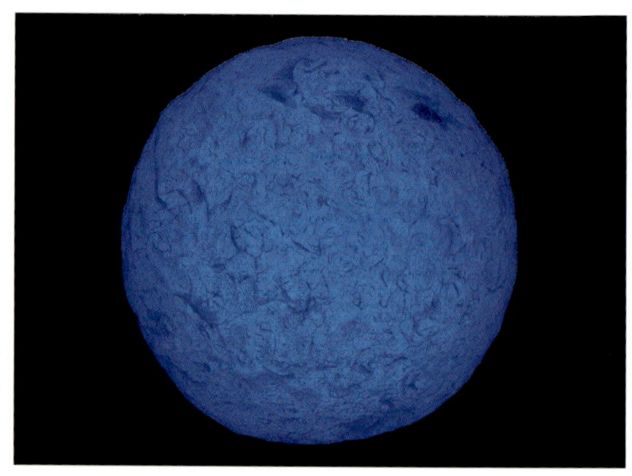

395 Kugelförmiger Rohdiamant in blauer Fluoreszenz.

396 Ein Rohdiamant mit seltener gelber Fluoreszenz.

397 Auch der ohnehin ungewöhnliche Sterndiamant zeigt die Besonderheit, dass er nicht blau, sondern gelb fluoresziert.

398 Der geschliffene Diamantwürfel fluoresziert sogar in zwei Farben: im Außenbereich gelb, im Innern blau.

399 Die etwa 400 kleinen Diamantkristalle aus Südafrika fluoreszieren in verschiedenen Farben und Intensitäten.

Beleuchtungslichts angeregt werden, ihrerseits gleiches Licht abzustrahlen. Elektronen springen auf eine höhere Energiestufe und emittieren beim Rücksprung ein Photon, dessen Energie der übersprungenen Energiedifferenz entspricht. Dagegen kann das energiereiche Ultraviolett ein Elektron zu einem großen Energiesprung veranlassen, dem ein Rücksprung in zwei Etappen niedrigerer Energie folgt. So kann das unsichtbare UV zur Aussendung von Photonen des sichtbaren Lichts führen.[131]

Diamanten können fluoreszieren, wenn sie submikroskopische Partikel des Elementes Bor enthalten, die sich durch UV anregen lassen. Die häufigste Fluoreszenzfarbe ist Blau, weniger häufig sind Gelb, Grün, Orange und Weiß.

Polarisation

Diamanten gehören zu den »optisch aktiven« Substanzen, das heißt, sie können die Schwingungsrichtung der Lichtwellen drehen. Diese Eigenschaft führt bei Verwendung von Polarisationsfiltern, die nur Licht einer bestimmten Schwingungsrichtung passieren lassen, zu bemerkenswerten Licht- und Farbeffekten. Liegen zwei Polfilter gekreuzt übereinander, so gibt es für das Licht kein Durchkommen, die Fläche ist schwarz. Legt man aber einen Diamanten zwischen die Filter, so leuchtet er hell, weil er die Schwingungsrichtung des Lichtes, das den hinteren Polfilter passiert hat, so dreht, dass es den vorderen Filter passieren kann. Im Innern mancher Diamanten zeigt sich ein unglaubliches Farbenspiel.[132] Diese Farben gehen auf Spannungen im Kristall zurück.

Das Zustandekommen der Farben ist ein komplexer Vorgang. Spannungen machen den Diamanten wie manche andere transparente Materialien teilweise doppelbrechend. Das heißt, dass eine Lichtwelle beim Eintritt in den Diamanten in zwei Wellen aufgespalten wird (s. Abb. 364). Sie durchlaufen den Diamanten mit unterschiedlicher Geschwindigkeit, so dass sie beim Austritt nicht mehr in Phase sind. Sie interferieren miteinander, so dass bestimmte Spektralanteile verstärkt und andere ausgelöscht werden. Hinzu kommt, dass optisch aktive Medien kurzwelliges Licht stärker drehen als langwelliges. Diese Effekte sind nur sichtbar, wenn die Polfilter dafür sorgen, dass nur Licht einer bestimmten Schwingungsrichtung passieren kann. Die Interferenzen werden auch ohne Polfilter erzeugt, doch dann überlagern sich alle ununterscheidbar zu Weiß. Es sind »verborgene Farben« des Diamanten, die sich nur mithilfe der beschriebenen Methode zeigen.

400 Zwei Rohdiamanten zwischen gekreuzten Polarisationsfiltern. Sie drehen die Schwingungsrichtung des Lichtes, das den hinteren Polfilter passiert, so dass es den vorderen Filter passieren kann. Das Umfeld dagegen ist für Licht gesperrt und daher schwarz.

401 Die Mikrodiamanten zeigen in polarisiertem Licht Strukturen und Farben.

402 Auch dieser lupenreine Brillant ist optisch aktiv. Er zeigt Muster, die bei normalem Licht nicht sichtbar sind (vgl. Abb. 297).

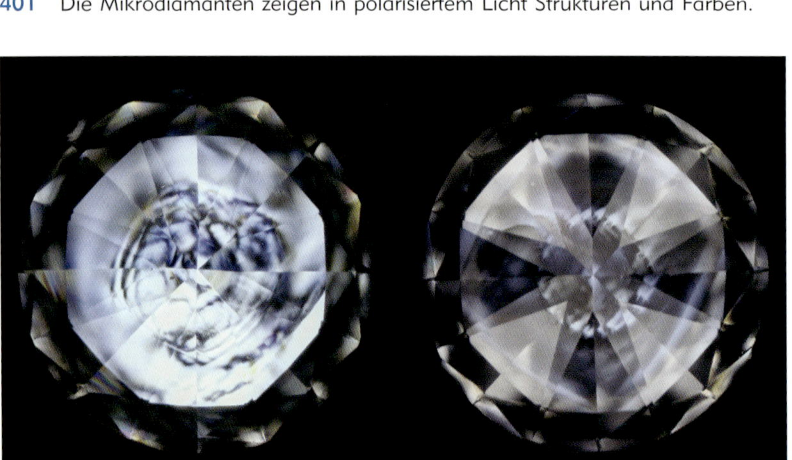

403 In den spannungsoptischen Merkmalen zeigt jeder Brillant seinen ganz individuellen »Fingerabdruck«. Hier zwei Einkaräter, die sich unter normalen Lichtverhältnissen sehr ähnlich sehen. Die unterschiedlichen Polarisationsmuster können als Zeugnis der jeweiligen Entstehungsgeschichte der Diamanten verstanden werden, die sich wahrscheinlich über Jahrmillionen hingezogen hat.

404 Das Rhombendodekaeder mit seinen vielen Einschlüssen ist voller Spannungen, die ihn vor allem in den Farben Gelb und Blau leuchten lassen.

405 Das gleiche Oktaeder wie in den Abbildungen 241 und 242, nun in polarisiertem Licht. Es zeigt alle Farben des Regenbogens.

406 Das Oktaeder aus Abbildung 373 und 374 mit seinen unterschiedlichen Einschlüssen zeigt ein vielgestaltiges Farbmuster.

407 In den Stereoaufnahmen erkennt man zwar nicht alle Farben, dafür sieht man aber, wie der Raum des Rohdiamanten in phantastischer Weise von farbigen Wolken durchzogen wird.

408 Diesen geschliffenen Würfel kennen wir schon aus Abbildung 375 und 376. Das Farbmuster aus Spannungszonen korrespondiert mit der eigenartigen Symmetrie, in der die zahlreichen Einschlüsse verteilt sind: die Farben sind am intensivsten in den Raumdiagonalen, die frei von Einschlüssen sind.

409 Dreht man einen der Polarisationsfilter um 90°, erscheint jetzt alles in den Komplementärfarben. Nun werden diejenigen Farben durchgelassen, die vorher gesperrt waren, und umgekehrt. Aus Schwarz wird Weiß, aus Gelb wird Blau, aus Rot wird Cyan.

18 Schluss: Der Kosmos in uns

John Koivula schreibt in seinem Buch über Diamanteneinschlüsse: »Mother nature cooks in a very dirty kitchen«.[133] Das gilt nicht nur in Bezug auf die Entstehung von Diamanten in der höllisch heißen Gemengelage zwischen Kontinentalplatten und Erdmantel. Es gilt auch für Schneekristalle, die ohne Schmutzteilchen in der Luft nicht zustande kommen würden. Es ist immer wieder erstaunlich, dass in der chaotischen Alchimistenküche der Natur wunderbar reine und ebenmäßig gebaute Kristalle entstehen. Das Staunen wird nicht kleiner dadurch, dass wir in etwa wissen, wie sich einerseits Kohlenstoffatome, andererseits Wassermoleküle trillionenfach zu hochgradig geordneten Gittern zusammenfinden.

Beide Minerale verbindet mehr als ihre in der Einleitung genannten Gegensätze und mehr als ihre Gemeinsamkeit in der Erscheinung als weiß glänzende Kristalle in gleicher Größenordnung. Beide bestehen aus Elementen, die für das Leben essentiell sind. Die »organische Chemie« ist Kohlenstoffchemie; denn kein Element bringt durch seine Bindungsfähigkeit vergleichbare Voraussetzungen mit, um die Vielfalt des Lebens und seiner Grundlagen zu ermöglichen: für Eiweiße, Fette und Kohlehydrate, für Aminosäuren, DNA, Hormone und Vitamine. Ohne Kohlenstoff ist die Emergenz des Lebens, das als Erzeugnis der »schmutzigen Küche der Natur« noch wunderbarer erscheinen muss als die Bildung von Kristallen, kaum denkbar.

Und das Wasser des Lebens, nach dem die Alchimisten Jahrhunderte lang gesucht haben, ist letztlich das Wasser selbst. So selbstverständlich es uns ist, ist es doch eine Ausnahmesubstanz. Es ist von Anfang an Medium aller Lebensvorgänge gewesen. Nachdem über Jahrmillionen das Leben sich in den Meeren entwickelt hatte, holten die Tiere, als sie an Land gingen, ihre ursprüngliche Umgebung gleichsam in sich hinein und nahmen sie mit: die Zusammensetzung des Blutplasmas und anderer Körperflüssigkeiten entspricht bei Mensch und Tier weitgehend der Zusammensetzung des Meerwassers. In diesem Medium laufen die Lebensvorgänge unseres Körpers ab. Das, was wir vom Körper sehen und für so wichtig halten, ist lediglich das Gefäß für die unsichtbaren, aber entscheidenden Lebensvorgänge in uns.

Unser Körper besteht zu 60 % aus Wasser und zu 35 % aus Kohlenstoffverbindungen. An Elementen enthält er gewichtmäßig 56 % Sauerstoff, 28 % Kohlenstoff und 9,3 % Wasserstoff, also hauptsächlich die Elemente, die wir mit Diamant und Schneekristall teilen. In geringer Menge finden sich im Körper Stickstoff, Calcium, Chlor, Phosphor, Kalium, Schwefel, Natrium, Magnesium. Spurenweise vorhanden, aber nicht weniger lebensnotwendig sind Eisen (im Blut), Fluor (im Zahnschmelz), Zink, Kupfer, Mangan, Selen, Chrom, Molybdän und Cobalt (allesamt in Enzymen).[134]

Es ist kein Zufall, dass der Weg, den wir in diesem Buch gegangen sind, bei beiden Themenbereichen letzten Endes zu den Sternen geführt hat. Dafür verantwortlich war erstens die wissenschaftliche Entdeckung, dass es das Lebenselixier Wasser durchaus nicht nur auf der Erde gibt, wie man ehemals meinte. Vielmehr findet es sich an vielen Orten im Sonnensystem und im Weltall, womit eine entscheidende Voraussetzung für extraterrestrisches Leben gegeben ist. Zweitens war es der Nachweis der Astronomie, dass es eine Reihe einfacher organischer Kohlenstoffverbindungen auch außerhalb der Erde gibt, so dass die Vorstellung von der Entstehung außerirdischer Lebensformen nicht allein den SF-Autoren überlassen werden muss. Und drittens war es die wissenschaftliche Erkenntnis, dass die Elemente, aus denen die Welt und wir selbst zusammengesetzt sind, aus der Asche längst vergangener Sterne bestehen, bis auf den Wasserstoff, den es seit Beginn des Universums gibt. Diese astrale Beziehung haben sich die alten Astrologen nicht träumen lassen. Schauen wir weit genug, dann finden wir, dass das Universum sich nicht in kalter Ferne befindet, sondern dass wir selbst Teilnehmer des großen kosmischen Spiels sind.

Was ungehört und ungesehen
Milliarden Jahre lang geschehen –
Ist es verschwunden und verhallt?
Nein, in uns selbst zeigt es Gestalt.

19 Zu den Aufnahmen

Die Stereoaufnahmen hat der Verfasser mit verschiedenen Methoden und Geräten angefertigt. Dabei wurde je nach Aufnahmeobjekt besonders der Basisabstand variiert, d. h. der seitliche Abstand, aus dem die beiden Einzelaufnahmen für beide Augen gemacht wurden. Für Landschaftsaufnahmen wie etwa die auf Grönland und in Lappland wurde die Fuji FinePix Real 3D W3 (Abb. 410) verwendet, bei der der Basisabstand mit 85 mm etwas größer ist das der Augenabstand. Für Objekte in 0,8 bis 4 m Entfernung wurde die Lumix DMC-3D1 (Abb. 411) von Panasonic bevorzugt, bei der die Linsen einen Basisabstand von 30 mm haben. Für Objekte im Makrobereich von 13 bis 80 cm Entfernung wurde eine Nikon D 7100 mit dem Stereoobjektiv Loreo 3D Macro versehen, z. T. mit korrigierter Vorsatzlinse (Abb. 412). Bei all diesen Geräten war es möglich, die beiden stereoskopischen Teilbilder gleichzeitig und mit kleiner Blende hinreichend tiefenscharf zu gewinnen. Vereinzelt fertigte der Verfasser Stereoaufnahmen mittels eines Stativschlittens, wobei nacheinander zwei Bilder in passendem seitlichen Abstand aufgenommen wurden (Abb. 413).

410

412

411

413

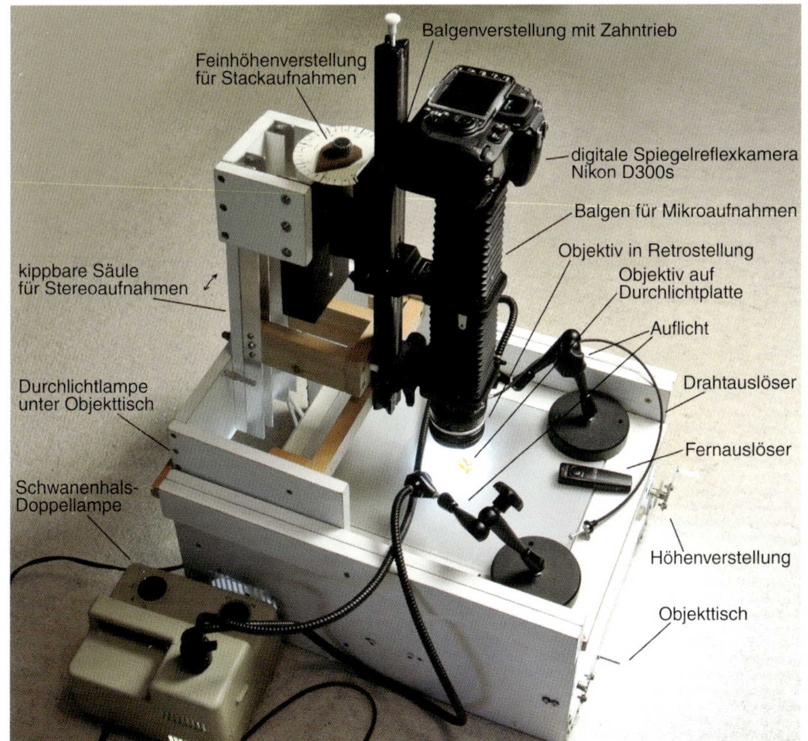

414

415

Die meisten makro- bzw. mikroskopischen Stereoaufnahmen machte der Verfasser mithilfe spezieller Apparaturen, die es erlauben, zur Erhöhung der Schärfentiefe sog. Stackaufnahmen zu fertigen: Eine Nikon D 7100 mit Balgen und Makroobjektiv (Abb. 414, 415) oder eine Canon 70D SLR mit Lupenobjektiv MP-E65 (Abb. 416) war auf einem schwenkbaren Stativarm befestigt, wobei das Aufnahmeobjekt exakt in den Schnittpunkt des Schwenkwinkels eingebracht wurde. Der Winkel betrug 7°, was der beidäugigen Betrachtung eines Objekts aus 50 cm Entfernung entspricht. Bei schwierigen Verhältnissen für das Binokularsehen wurde ein kleinerer Winkel gewählt. Aus beiden Aufnahmerichtungen wurde in zeitlichem Nacheinander je eine Serie von bis zu 120 Einzelaufnahmen in Schritten von 0,05 bis 0,5 mm je nach Objekt bei mittlerer Blendenöffnung gemacht. Sie wurden später am Computer zu tiefenscharfen Gesamtbildern kombiniert (Stackverfahren). Für stärkste Vergrößerungen wurde ein Nikon-Materialmikroskop (Abb. 417) verwendet. Dabei wurden die Stereoaufnahmen mithilfe einer Wippe aus Museumsglas und Messing (Abb. 418) realisiert. Die Eigenkonstruktionen gestatteten es, Objekte im Größenbereich von 1 bis 200 mm stereoskopisch aufzunehmen.

416

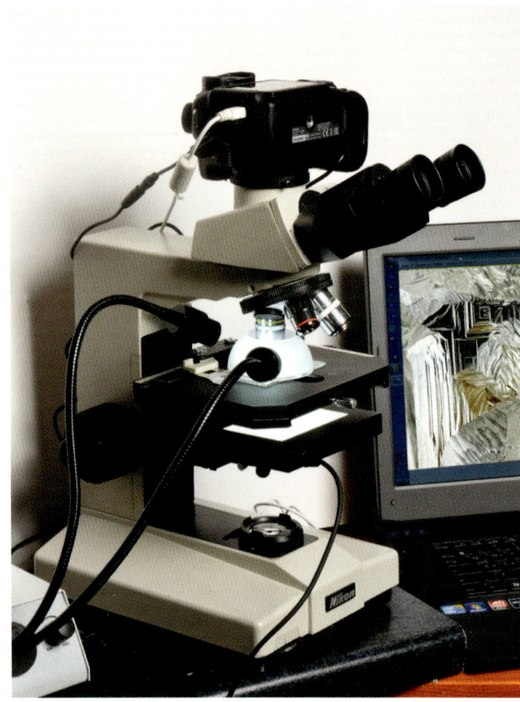

417

Die Beleuchtung erfolgte teils mit gerichtetem, teils mit diffusem Licht, teils mit Durchlicht, teils mit Auflicht, letzteres oft in Kombination mit einer Lichtfalle, um einen tiefschwarzen Hintergrund zu gewährleisten. Das Licht lieferten wegen ihrer geringen Wärmeabgabe vorzugsweise LED-Leuchten. Die Schneekristallaufnahmen wurden im Freien bei Temperaturen zwischen −5 und −26 °C gemacht. Die Kristalle wurden mit Scheiben aus mehrfach entspiegeltem Glas (»Museumsglas«) eingefangen und vor einer Lichtfalle fotografiert. Die fallenden Tropfen wurden unter Verwendung des Nikon Speedlight SB-28 mit einer Blitzdauer von 1/30 000 Sekunde aufgenommen.

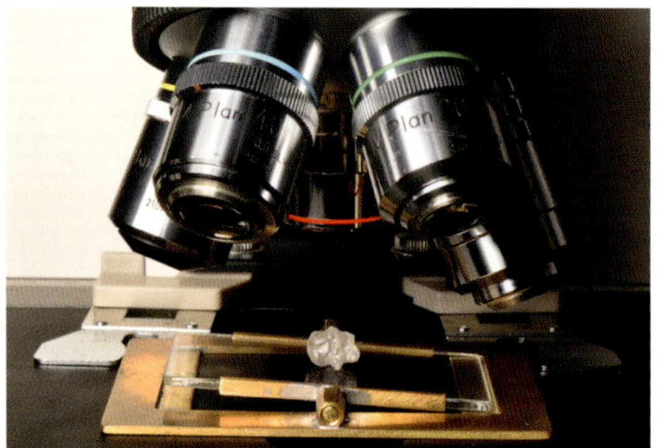

418

Die Raumwirkung von Wolken ist bei normaler Betrachtung niemals so eindrücklich, wie sie hier auf den Stereobildern zu sehen ist. Denn der Augenabstand ist mit 60 bis 65 mm zu gering, als dass sich merkliche Unterschiede zwischen den Ansichten für beide Augen ergäben. Die Stereobilder der Wolken sind aus je zwei Einzelaufnahmen mit einer Nikonkamera gefertigt, die rechtwinklig zur Bewegungsrichtung vom Flugzeug oder vom Auto aus in kurzen Zeitabständen gemacht wurden. Die stereoskopische Basis betrug dabei jeweils 50 bis 200 m.

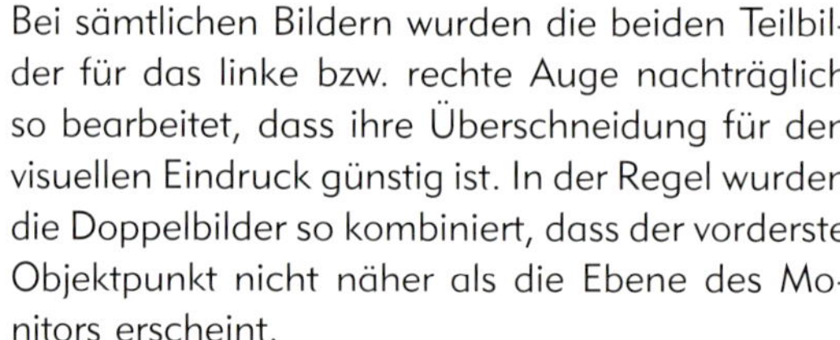

Bei sämtlichen Bildern wurden die beiden Teilbilder für das linke bzw. rechte Auge nachträglich so bearbeitet, dass ihre Überschneidung für den visuellen Eindruck günstig ist. In der Regel wurden die Doppelbilder so kombiniert, dass der vorderste Objektpunkt nicht näher als die Ebene des Monitors erscheint.

Die Wärmebilder wurden mit der Infrarotkamera TROTEC IC120 LV (Abb. 419) aufgenommen.

419

20 Anmerkungen

1 Kaiser & Balzamo 2007, S. 42f.
2 Daniel Lingenhöhl: Eine Formel für Glatteis. Spektrum.de 09.12.2015.
3 Sven Titz: Wie entstehen Gewitterblitze? http://www.weltderphysik.de/thema/hinter-den-dingen/klima-und-wetter/gewitterblitze/ 2.6.2006.
4 In Anlehnung an von Stefan Bauer (Meteorologe) http://www.wolken-online.de/wolkenatlas.htm.
5 Martin, Marion: Von wegen null Grad. Bild der Wissenschaft, 23.11.2011.
6 Roland Wengenmayr (2010): Staub, an dem Wolken wachsen. www.mpg.de/792263/Aerosole_und_Wolken).
7 WSL-Institut für Schnee- und Lawinenforschung SLF (Hg.), Schnee, Darmstadt 2013, S. 20.
8 WSL-Institut für Schnee- und Lawinenforschung SLF (Hg.) 2013, S. 29.
9 Lars Fischer: Killer-Asteroid brachte Kälte und Finsternis. Spektrum.de 12.05.2014.
10 Kaiser & Balzamo 2007, S. 40.
11 WSL-Institut für Schnee- und Lawinenforschung SLF (Hg.) 2013, S. 22.
12 Thériault, Denis, 2009.
13 Zit. nach K. Libbrecht 2008, S. 36.
14 W. Bentley 1931.
15 WSL-Institut f. Schnee- und Lawinenforschung SLF (Hrsg.) 2013, S. 18ff.
16 Verändert nach: Snow crystals; http://www.its.caltech.edu/~atomic/snowcrystals/.
17 M. Emoto 2012, S. 12.
18 Snow crystals; http://www.its.caltech.edu/~atomic/snowcrystals/.
19 WSL-Institut f. Schnee- und Lawinenforschung SLF (Hrsg.) 2013, S. 25.
20 Quelle: Maygutyak/fotolia.com.
21 WSL-Institut f. Schnee- und Lawinenforschung SLF (Hrsg.) 2013, S.34.
22 WSL-Institut f. Schnee- und Lawinenforschung SLF (Hrsg.) 2013, Abb. 17.
23 http://www.awi.de/de/aktuelles_und_presse/pressemitteilungen vom 09.09.2014.
24 http://www.hotelarctic.com/files/webcam/webcamshot.jpg.
25 Alfred-Wegener-Institut für Polar- und Meeresforschung, http://www.awi.de/de/infrastruktur/.
26 Jürgen Kern: Trinkwasser aus Eisbergen. www.quellonline.de, 27. Mai 2009.
27 Max Kobbert 2011, S. 48.
28 © Brocken Inaglory-CC-by-SA-3.0-CC BY-SA.
29 Salzmann, Dr. Wiebke: Glorie. http://www.physik.wissenstexte.de/glorie.htm.
30 http://www.spektrum.de/news/wie-kommt-das-wasser-auf-den-mond/1311801? vom 07.10.2014.
31 Darstellung unter Verwendung von GNU Free Documentation License.
32 NASA/GSFC.
33 http://www.spektrum.de/news/die-eisigen-pole-des-merkur/1313725?.
34 Foto: DABD.
35 Curiosity 2014, NASA/JPL-Caltech/MSSS.
36 ESA, DLR, FU Berlin.
37 http://www.spektrum.de/news/elektrischer-wind-machte-venus-wasserlos/1414097?utm_medium=newsletter&utm_source=sdw-nl&utm_campaign=sdw-nl-daily&utm_content=heute vom 20.06.2016.
38 Imke de Pater & Keck Observatory.
39 http://www.spektrum.de/news/eine-oberflaeche-aus-fast-reinem-wassereis/1409822?utm_medium=newsletter&utm_source=sdw-nl&utm_campaign=sdw-nl-daily&utm_content=heute.
40 Lingenhöhl, Daniel: Mehr Wasser als auf der gesamten Erde? www.spektrum.de/news/ vom 13.03.2015.
41 Spektrum.d.W. online vom 16.09.2015.
42 Aufnahmen: NASA.
43 http://www.spektrum.de/news/seen-und-grundwasser-auf-dem-saturnmond-titan/.
44 Aufnahme: Cassini-Huygens, NASA.
45 Aufnahme: Cassini-Huygens, NASA.
46 Cassini-Huygens, NASA.
47 Cassini-Huygens, NASA.
48 NASA/JPL, Cassini.
49 http://www.spektrum.de/news/woher-kommt-das-wasser-auf-der-erde/1315911? vom 01.11.2014.
50 ESA/Rosetta/NAVCAM/CC-by-SA IGO-3.0 (CC BY-SA IGO).
51 O. Ruesch a.o. (2016): Cryovolcanism on Ceres. Science 02. Sep. 2016: Vol. 353, Issue 6303, DOI: 10.1126/science.aaf4286.
52 Jewitt, David & Edward D. Young: Als die Meere vom Himmel fielen. Spektr. d. Wiss. 9/15, S. 50–58.
53 http://www.scinexx.de/ vom 06.09.2014.
54 http://www.spektrum.de/news/wassereis-ist-aelter-als-die-sonne/.
55 Hubble Space Telescope.
56 http://www.zeit.de/1977/09/wasser-in-fernen-welten.
57 http://www.spektrum.de/news/wasserwolken-auf-braunem-zwerg-entdeckt/.
58 © Hubble Legacy Archive/Judy Schmidt (Public Domain).
59 Caroline Bauer: Es regnet (noch immer) Sternenstaub. Spektum.de 22.04.2016.
60 A. Haas u.a. 2004, S. 96.
61 A. Haas u.a. 2004, S. 131.
62 H. Jetter 1981, S. 15.
63 A. Haas u.a. 2004, S. 241.
64 A. Haas u.a. 2004, S. 44.
65 A. Haas u.a. 2004, S. 48f.
66 A. Haas u.a. 2004, S. 139.

67 H. Jetter 1981, S. 192.
68 A. Haas u.a. 2004, S. 192.
69 Hauptquellen für dieses Kapitel sind die Monografie zur Geschichte des Diamanten, die von Alois Haas, Ludwig Hödl und Horst Schneider verfasst wurde (A. Haas u.a., Diamant, Berlin 2004), sowie die von Hartmut Jetter herausgegebene deutsche Ausgabe von »Der Diamant«, Freiburg 1980.
70 H. Jetter 1981, S. 14.
71 Aus »Mineralien«, bearbeitet von Dr. H. Schröcke und Dr. K. L. Weiner, Hamburg 1967, Tafel 9.
72 H. Jetter 1981, F. Littich 1982, G. E. Harlow 1998, C. Gordon 2008.
73 http://www.royalcollection.org.uk/exhibitions/diamonds-a-jubilee-celebration/the-cullinan-diamond.
74 H. Jetter 1981, S. 44.
75 http:/en.wikipedia.org/wiki/Koh-i-Noor.
76 http://religion.wikia.com.
77 H. Jetter 1981, S. 43.
78 Abbildung aus michaelbonke.com.
79 H. Jetter 1981, S. 15/16.
80 M. Bonke 2009, S. 2.
81 A. Haas u.a. 2004, S. 43.
82 D. Lingenhöhl 18.02.2015: www.spektrum.de/news/wie-man-braune-diamanten-klar-bekommt/.
83 A. Haas u.a. 2004, S. 43.
84 A. Haas u.a. 2004, S. 43.
85 A. Haas u.a. 2004, S. 98.
86 A. Haas u.a. 2004, S. 237f.
87 A. Haas u.a. 2004, S. 236.
88 B. Watermeyer & Sofus S. Michelsen 1994.
89 C. Gordon 2008, S. 198ff.
90 http://gia4cs.gia.edu/en-us/diamond-cut.htm.
91 A. Haas u.a. 2004, S. 58.
92 H. Jetter 1981, S. 54ff.
93 A. Haas u.a. 2004, S. 250.
94 H. Jetter 1981, S. 26.
95 A. Haas u.a. 2004, S. 221.
96 A. Haas u.a. 2004, S. 222.
97 A. Haas u.a. 2004, S. 248ff.
98 A. Krüger 2007, S. 17f.
99 A. Haas u.a. 2004, S. 44.
100 H. Jetter 1981, S. 89.
101 A. Haas u.a. 2004, S. 223.
102 M. Kobbert 2011, Abb. 22.
103 A. Krüger 2007.
104 (www.spektrum.de/news/staerker-als-graphen-und-trotzdem-biegsam/1379080?utm_medium=newsletter&utm_source=sdw-nl&utm_campaign=sdw-nl-daily&utm_content=heute vom 26.11.2015).
105 N. Peters 1998.
106 A. Haas u.a. 2004, S. 212.
107 A. Haas u.a. 2004, S. 213.
108 F. Neukirchen 2012, S. 77.
109 F. Neukirchen 2012, S. 74.
110 G. E. Harlow 1998, S. 43.
111 Aus einem Bericht des GIA 2015.
112 A. Krüger 2007, S. 20, J196.
113 A. Haas u.a. 2004, S. 46.
114 Darstellung verändert nach A. Haas u.a. 2004, S. 254 und 255.
115 A. Krüger 2007, S. 25.
116 http://www.todesfall-checkliste.de/bestattungsarten/bestattungsform-diamantbestattung-kosten.htm; »Firma produziert Edelsteine aus Totenasche«, FAZ vom 07.07.2008.
117 E. Gübelin 1973, S. 100.
118 F. Neukirchen 2012, S. 77.
119 E. Gübelin 1973, S. 101ff.
120 F. Neukirchen 2012, S. 74.
121 M. Kobbert 2013, Abb. 283.
122 F. Neukirchen 2012, S. 64ff.
123 Fischer, Lars 2015: Edelsteinchemie. Saures Wasser lässt Diamanten wachsen. Spektrum.de vom 04.11.2015.
124 Becke 68.
125 Cburnett GFDL.
126 [CD] Copyright Stefan Seip (Astro Meeting, apod.nasa.gov).
127 www.cyclopaedia.de/wiki/GJ_2095.
128 C. Gordon 2008, S. 20.
129 F. Neukirchen 2012, S. 109f.
130 A. Krüger 2007, S. 332.
131 M. Kobbert 2011, S. 59f.
132 Siehe auch J. I. Koivula 2000.
133 J. I. Koivula 2000, S. 69.
134 Aus der Website des Instituts für Chemie der FU Berlin.

21 Literatur

Bentley, Wilson A.: Snowflakes in Photographs. Mineola, N.Y. 2000 (Reprint einer Ausgabe von 1931).

Bonke, Michael (Diamantschleiferei): Die Mystik des Diamanten. Deggendorf 2009.

Emoto, Masaru: Die Botschaft des Wassers. Burgrain 2012.

Felmy, Sabine: Märchen und Sagen aus der Heimat des Schnees. Frankfurt 1989.

Fischer, Lars (2014): Killer-Asteroid brachte Kälte und Finsternis. Spektrum.de 12.05.2014.

Gordon, Christine (Autorin): Diamanten. Schätze aus dem Herzen der Erde. Köln 2008.

Gübelin, E.: Innenwelt der Edelsteine. Zürich 1973.

Haas, Alois, Ludwig Hödl & Horst Schneider: Diamant. Zauber und Geschichte eines Wunders der Natur. Margot-und-Friedrich-Becke-Stiftung, Berlin 2004.

Harlow, George E. (ed.): The Nature of Diamonds. Am. Mus. Nat. History, Cambridge 1998.

Jetter, Hartmut (Hrsg. der deutschen Ausgabe): Der Diamant. Freiburg 1981 (Übers. aus dem Niederländischen).

Kaiser, Reinhard & Elena Balzamo: Warum der Schnee weiß ist. Wie Märchen uns die Welt erklären. Zürich 2007.

Kobbert, Max: Das Buch der Farben. Darmstadt 2011.

Kobbert, Max: Wunderwelt Bernstein. Faszinierende Fossilien in 3-D. Darmstadt 2013.

Koivula, John I.: The Micro World of Diamonds. Northbrook, Ill. 2000.

Krüger, Anke: Neue Kohlenstoffmaterialien. Wiesbaden 2007.

Krutina, Michael F. H. (2014): Aerosolpartikel und Wolkenelemente, in www.wolkenschnueffler.de.

Libbrecht, Kenneth (Text) & Patricia Rasmussen (Photos): Schneeflocken, Juwelen des Winters. München 2005.

Libbrecht, Kenneth G.: Wie Schneekristalle entstehen. Spektr. d. Wiss. 2008 (Februar) 36–44.

Libbrecht, Kenneth G.: The Secret Life of a Snowflake: An Up-Close Look at the Art & Science of Snowflakes. Sorenson, Vanessa 2013.

Littich, Franz: Historische Diamanten und ihre Geschichte. Stuttgart 1982.

Martin, Marion: Von wegen null Grad. Bild der Wissenschaft, 23.11.2011.

Mathiesen, Stephan (Übers.): Wetter & Klima. München 2009.

Neukirchen, Florian: Edelsteine. Brillante Zeugen für die Erforschung der Erde. Berlin 2012.

Peters, Nizam: Rough Diamonds. A practical Guide. Ft. Lauderdale 1998.

Rösler, Hans Jürgen: Lehrbuch der Mineralogie. Leipzig 1981, 2. A.

Snow crystals; http://www.its.caltech.edu/~atomic/snowcrystals.

Symes, R. F. & R. R. Harding: Edelsteine und Kristalle, Hildesheim 1991.

Thériault, Denis: Siebzehn Silben Ewigkeit. München 2009.

Watermeyer, B. & S. S. Michelsen: The Art of Diamond Cutting. New York 1994.

Wengenmayr, Roland (2010): Staub, an dem Wolken wachsen. www.mpg.de/792263/Aerosole_und_Wolken.

WSL-Institut f. Schnee- und Lawinenforschung SLF (Hrsg.): Schnee. Darmstadt 2013.

22 Register

Schwarze Zahlen bezeichnen Buchseiten, blaue Zahlen bezeichnen Bildnummern (auch der CD). CD 3 verweist auf die Einleitung auf der CD.